Matthias Schranner

Das Schranner-Konzept®

MATTHIAS
SCHRANNER

DAS SCHRANNER-KONZEPT®

DIE NEUEN PRINZIPIEN FÜR DIE VERHANDLUNGEN DER ZUKUNFT

ECON

Econ ist ein Verlag
der Ullstein Buchverlage GmbH
ISBN: 978-3-430-21024-9
4., aktualisierte Auflage 2024

Redaktion: Michael Schickerling, schickerling.cc, München
Grafiken: design apartment, München (© Schranner AG, Zürich)

Gesetzt aus der Minion Pro
Satz: LVD GmbH, Berlin
Druck und Bindearbeiten: GGP Media GmbH, Pößneck
Printed in Germany

Inhalt

Die Prinzipien des Schranner-Konzepts

»Wir verhandeln für ein Ziel, nicht gegen jemanden.«
Matthias Schranner

Verhandeln jenseits des Grenzbereichs

Wissen Sie, warum die besten Verhandlungsführer von der Polizei und dem FBI kommen? Es gibt zwei Gründe: Erstens, es ist der einzige Beruf weltweit, der Verhandlungsführer professionell ausbildet. Und zweitens ist die schwierigste Phase der Verhandlung – die Sackgasse – bei der Polizei nicht die Ausnahme, sondern die Regel.

Bei polizeilichen Verhandlungen beginnt die Verhandlung meist mit einer Sackgasse: Ein Geiselnehmer fordert einen Fluchtwagen und droht, die erste Geisel zu erschießen. Es ist die ultimative Sackgasse mit einer hohen, unrealistischen und nicht erfüllbaren Forderung in Kombination mit einer sofortigen Sanktion, dem Tod der Geisel.

Im Business und in der Politik wird erst lange verhandelt, und am Ende des gesamten Verhandlungsprozesses stellen die Beteiligten »plötzlich« fest, dass es keine Einigung geben kann. Man ist ewig um den Konflikt herumgetanzt, ohne ihn genau zu benennen, und nun steht man scheinbar überrascht vor einem Scherbenhaufen und weiß keinen Ausweg.

Ich habe sehr gerne bei der Polizei verhandelt. Das »polizeiliche Gegenüber«, wie es politisch und juristisch korrekt heißt, stellt eine hohe Forderung und will nicht von dieser Forderung abweichen. Dieses Gegenüber glaubt sogar, im Recht zu sein und das Recht zu haben, einen Menschen als Geisel zu nehmen und vielleicht zu töten.

Vielleicht liegt es an meiner bayerischen Herkunft und meiner Kindheit auf einem Bauernhof, dass ich diese direkte Konfrontation mag. Ich bin nicht in einer global denkenden Diplomatenfamilie aufgewachsen. Ich mag es, wenn ich weiß, woran ich bin, und mein Gegenüber auch klar kommuniziert, was wirklich wichtig ist.

Die Verhandlungen im Business und vor allem in der Politik sind meist das glatte Gegenteil: Man versteckt sich hinter politisch korrekten Formulierungen und juristisch relevanten Themen und spricht einen Konflikt auf gar keinen Fall konkret an. Aus meiner Sicht ist es oft die pure Angst, die Verhandlungsführer in Business und Politik ausweichend und schwammig formulierend verhandeln lassen. Es ist die Angst vor der Niederlage, die Angst, ein Nein zu bekommen. Zusätzlich glauben diese Leute, dass ein Ausweichen oder Aussitzen den Konflikt lösen wird. Tut es aber nicht. Der Konflikt wird sogar noch größer und damit schwieriger zu lösen.

Sie kennen sicherlich das Beispiel aus vielen Verhandlungsbüchern, die auf dem sogenannten Harvard-Konzept beruhen, in dem zwei Mädchen um eine Orange streiten. Mädchen A möchte die Orange haben, und Mädchen B möchte diese Orange ebenfalls. Es geht hin und her, die Mutter kommt aus der Küche und schneidet die Orange in zwei Teile. Es kommt zu einem Kompromiss, einem Treffen in der Mitte. Beide Mädchen sind nicht wirklich glücklich, denn sie haben nicht bekommen, was sie eigentlich wollten, aber sie können mit dem Ergebnis einigermaßen leben.

Diese Verhandlungsbücher beschreiben den goldenen Weg zu einer besseren Einigung: Die Mutter hätte nach den Motiven fragen müssen. Mädchen A hätte geantwortet, dass sie die Orange für den Orangensaft haben möchte. Mädchen B hätte gesagt, dass sie die Schale der Orange für das Kuchenbacken braucht. Die Mutter hätte also die Orange ausgepresst und den Saft Mädchen A gegeben, die Schale hätte Mädchen B bekommen. »Win-win« wird das genannt – beide Mädchen sind glücklich.

Das ist ein sehr schönes Beispiel, eine schöne Theorie und ein Traumzustand in unserer heilen Welt. Bei der Polizei haben wir diese Welt die »lila Kuh« genannt – es gab eine Werbung mit lila Kühen auf saftigen Weiden, die heile Welt eben. Die Realität ist anders. Ein Geiselnehmer sagt: »Fluchtwagen – oder ich erschieße die Geisel!« Und ein Verhandlungsführer der Polizei fragt: »Was ist Ihr eigentliches Motiv?« Offene Fragen wären noch schlimmer, die schlimmste Frage wäre: »Warum?« Spätestens jetzt würde der Geiselnehmer schießen.

Die Welt ändert sich dramatisch. Verhandlungen werden meist nicht mehr mit Menschen geführt, die man schon lange kennt und zu denen man Vertrauen aufgebaut hat. Die Verhandlungen der Zukunft finden in einem globalen Umfeld statt und werden zu einem großen Teil digital geführt. Verhandlungsmuster, die noch vor einem Jahr funktioniert haben, funktionieren heute nicht mehr. Wir bemerken an unserem Institut, dass viele Führungskräfte komplett überfordert sind und keine Anweisung für diese neuen Verhandlungssituationen haben.

Dieses Buch ist die Anweisung für schwierige Verhandlungen der Zukunft. Wir hören oft, dass Firmen mit dem »Schranner-Konzept« verhandeln, obwohl unsere Philosophie der Verhandlung noch nie als Konzept vorgestellt wurde. Auch Universitäten vergleichen das Harvard-Konzept mit dem Schranner-Konzept. Ich habe deshalb alle Strategien und Taktiken zusammengetragen und zu einem Konzept geformt. Es geht um nachvollziehbare und erprobte Techniken, die Sie in allen schwierigen politischen und geschäftlichen Verhandlungen anwenden können.

Andere Verhandlungskonzepte berufen sich auf Theorie – mein Konzept basiert auf der Praxis.

Ein Wappen – vier Prinzipien

Das Schranner-Konzept

Ich möchte Ihnen mein Verhandlungskonzept anhand meines Wappens darstellen. Das »Schranner-Wappen« wurde erstmals 1795 urkundlich erwähnt, es ist mein Familienwappen. Ich habe es für unser Institut modernisiert, aber die wichtigsten Elemente beibehalten: die vier Schrannen-Bänke, zwei Gerichtsstäbe und der Helm.

Vier Schrannen-Bänke

Die Bezeichnung »Schranne« leitet sich ursprünglich vom italienischen Wort »scranna« für »Gerichtsbank« ab. Es bezeichnete die erste Instanz der Gerichtsbarkeit, bei der vier Bänke im Kreis aufgestellt und dann verhandelt wurde. Heute noch gibt es in vielen Städten Süddeutschlands einen Schrannenplatz oder eine Schrannenhalle, die auf diese Gerichtsbarkeit verweisen.

Diese Verhandlungen wurden öffentlich auf dem Marktplatz geführt. Auf einer Bank saß der Richter, der sich die Positionen der Streitparteien anhörte. Auf der zweiten Bank saß der Kläger, auf der dritten Bank der Angeklagte, auf der vierten Bank ein neutraler Beobachter der Streitsache. Der Ankläger konnte seine Klage vorbringen, der Angeklagte sich verteidigen. Zur Klärung des Sachverhalts wurde der neutrale Beobachter befragt.

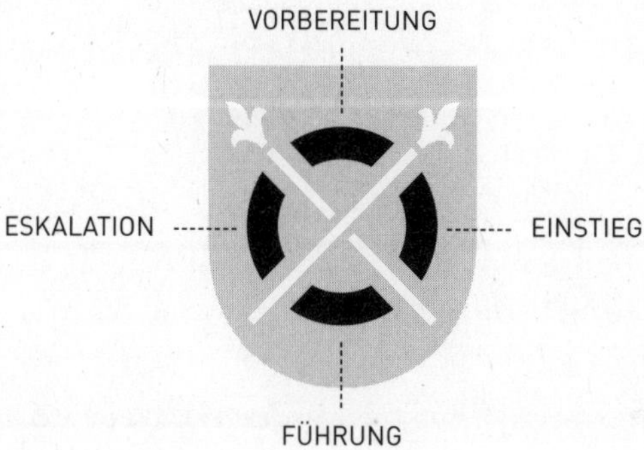

Die vier Schrannen-Bänke

Die erste Bank des Wappens bezieht sich auf das erste Element der Verhandlung, die Vorbereitung. Ich habe festgestellt, dass sich fast alle Parteien falsch auf eine Verhandlung vorbereiten: Die meisten möchten einen Konflikt, ein Nein vermeiden. Viele Verhandlungsführer gehen negativ geprägt in eine Verhandlung – irgendein schlimmes Szenario soll durch die anstehende Verhandlung unbedingt vermieden werden. Und genau dieser Ansatz ist falsch. Es gilt, einen positiven Zugang zur Verhandlung zu finden, sich auf den anstehenden Konflikt zu freuen und »auf Sieg zu spielen«.

Die zweite Bank des Wappens bezieht sich auf das zweite Element der Verhandlung, den Einstieg. Da Sie nun bestens vorbereitet sind, sollten Sie den Konflikt direkt ansprechen. Ich möchte Sie ermuntern, den Konflikt eben nicht zu vermeiden, sondern aktiv herbeizuführen. Das bewusste Ansprechen des Konflikts sendet wichtige Signale an die Gegenseite. Das wichtigste Signal: Sie haben keine Angst.

Die dritte Bank fokussiert sich auf die Führung der Verhandlung, besonders wenn es schwierig wird. Es braucht eine klare Strategie, eine klare Richtung für eine schwierige Verhandlung. Ein großer Fehler der Verhandlung ist, Intuition zuzulassen. Denn Intuition beruht auf Emotionen, und in Stresssituationen ist das geradezu gefährlich. Sie re-agieren auf eine Stresssituation mit einer Emotion: Sie ärgern sich oder – noch schlimmer, Sie freuen sich.

Die vierte Bank zeigt den gesamten Prozess mit der Eskalation. Wichtig ist, eine Sackgasse vorzubereiten, herbeizuführen – und im richtigen Moment zu einer Lösung zu führen. Meine Philosophie der Verhandlung ist nicht rechthaberisch und stur, sondern genau das Gegenteil: Es gilt, mit einer gewissen Leichtigkeit die Lösung herbeizuführen.

Zwei Gerichtsstäbe

Die beiden Gerichtsstäbe des Schranner-Wappens

Die beiden Gerichtsstäbe symbolisieren Würde und Gerechtigkeit. Bei einer Verurteilung wurde ein Gerichtsstab über den Verurteilten gebrochen. Die Redewendung »den Stab über jemanden brechen« beruht auf diesem Richterspruch.

Nun, das Wort Gerechtigkeit ist wohl das gefährlichste Wort in einer Verhandlung. Was bitte ist gerecht? Was ist fair?

Mich stören die Formulierungen gerecht, gerechter, am gerechtesten. Wenn etwas gerecht ist, dann gibt es doch keine Steigerung zu »gerechter«. In schwierigen Verhandlungen können diese Worte zu einer ungewollten Eskalation führen. Vor allem, wenn ein »faires Angebot« von der Gegenseite abgelehnt wird, droht die ungewollte und unvorbereitete Eskalation.

Für mich gibt es in Verhandlungen keine Wahrheit und keine Gerechtigkeit. Ich bin Pragmatiker: Es gibt eine Lösung oder keine Lösung.

Der Helm

Der Helm des Schranner-Wappens

Der Helm ist das Symbol für einen Ritter, einen Krieger von hohem gesellschaftlichem Rang. Die Ritterlichkeit beschreibt Würde, Demut und Tapferkeit als Tugenden.

Verhandeln für mehr Klimaschutz

Während ich dieses Buch schreibe, diskutieren die Medien über das weitere Vorgehen beim Thema Klimaschutz. Fridays for Future hat mit den Schülerstreiks das Bewusstsein für ein verändertes Verhalten im Klimaschutz geprägt. »Was nun?«, schreiben die Medien, Kinder und Jugendliche haben sozusagen ihre Pflicht getan und die Erwachsenen aufgerufen, das Klima zu retten. Das Bewusstsein ist da, Politiker begrüßen die Aktivitäten der Kinder – und tun nichts.

Anhand des Schranner-Konzepts möchte ich Ihnen eine kurze Übersicht über das richtige Vorgehen geben, ohne in die Tiefe der Strategien und Taktiken abzutauchen.

Prinzip 1: Vorbereitung

Fridays for Future ist keine Organisation mit klaren Hierarchien. Es gibt kein Board, keinen Vorstand und keine Gremien, die einen Beschluss fassen können. Daher wird es auch keinen Auftrag für eine klare Verhandlungsführung geben. Das ist sehr schade, weil derzeit der richtige Zeitpunkt für die Verhandlung wäre. Das »Window of Opportunity« ist geöffnet, und eine Verhandlung wäre derzeit sehr erfolgversprechend.

Die Vorbereitung müsste ins Positive gedreht werden. Es darf nicht mehr von »Vermeidung« gesprochen werden, sondern es braucht ein »Bündnis für das Klima 2025«. Ein »Bündnis« zeigt eine Verbundenheit mit vielen Leuten, die sich für dieses Thema starkmachen. Die Jahreszahl »2025« zeigt den Weg zu einer Lösung, mit genug Zeit zur Umsetzung, aber auch einem konkreten Datum, das sich erreichen und kontrollieren lässt. Die momentan von der deutschen Bundesregierung genannten Zahlen für das Jahr 2050 sind lächerlich, da sich niemand einen solch langen Zeitraum vorstellen kann – und die Politik wieder einmal die Möglichkeit hat, das Thema tatenlos auszusitzen.

Statt den Politikern und Erwachsenen Vorwürfe wegen der Versäumnisse zu machen, müsste man also mit einem positiven Ziel die Menschen zum Mitmachen begeistern. Es braucht ein sogenanntes Momentum, um jetzt in die Umsetzung zu kommen, die ersten Kohlekraftwerke abzuschalten oder gesetzliche Vorgaben zum Klimaschutz zu machen.

Prinzip 2: Einstieg

Ja, es braucht einen Konflikt, und es braucht ihn jetzt. Die Forderungen von Fridays for Future sind auf deren Internetseite formuliert, jedoch nicht griffig und konkret genug. Es müssten drei Forderungen priorisiert werden, und mit diesen sollten die Aktivisten in die Verhandlung einsteigen. Ein Verhandlungsteam müsste die Bundesregierung zu einer Verhandlung einladen, begleitet von einer öffentlichen Aktion.

Das Team von Fridays for Future würde sich an einem symbolhaften Ort treffen, beispielsweise dem Hambacher Forst, und auf das Verhandlungsteam der Bundesregierung warten. Sollte die Regierung tatsächlich auftauchen, wäre das der Start für die Verhandlung mit den drei Forderungen. Sollte die Regierung nicht kommen, wären das wichtige Bilder für das Fortsetzen der Kampagne: Wir sind hier, wir übernehmen Verantwortung und wollen eine Lösung finden, doch unsere Regierung ist nicht mal erschienen. Ein Bild würde die leeren Stühle für die Vertreter der Bundesregierung zeigen.

Prinzip 3: Führung

Beide Parteien würden ein kleines Verhandlungsteam mit je drei Leuten entsenden, die notwendigen Experten würden in einem separaten Raum warten. Es gäbe eine klare Agenda, einen klaren Fahrplan, und die Punkte würden nacheinander verhandelt und abgearbeitet.

Die Vergangenheit wäre kein Thema, es gäbe keine Vorwürfe, sondern nur den gemeinsamen Willen zu einer tragfähigen Einigung. Eine Vertagung der Verhandlung wäre auch nicht möglich, weil der weltweite Schülerstreik bereits vor der Tür steht.

Prinzip 4: Eskalation

Aufgrund der politischen Rahmenbedingungen und entscheidungsunwilliger Politiker würde es wohl keine Einigung geben – es braucht die Eskalation. Fridays for Future müsste mit einer Warnung an die Öffentlichkeit gehen und im Hintergrund eine gesichtswahrende Brücke für die Regierung bauen.

Doch Politiker entscheiden nur, wenn der öffentliche Druck sehr stark ist. Die Eskalation ist somit ein wichtiges Element, um eine Lösung herbeizuführen.

Es geht um die Zukunft

Erlauben Sie mir bitte eine persönliche Einschätzung. Ich habe vier Kinder, und der Klimaschutz ist ein wichtiges Thema und Grundlage für viele Diskussionen bei uns zu Hause. Politisches Engagement habe ich mir immer von meinen Kindern gewünscht, es ist die Voraussetzung für eine funktionierende Demokratie.

Weltweit streiken freitags Schüler, Politiker überschütten die Kinder mit Lob – und tun mal wieder nichts. Stand heute hat Fridays for Future noch nichts erreicht, es gibt keine konkreten Maßnahmen zum Klimaschutz. Wenn es nicht bald zu ernsthaften Verhandlungen kommt, werden wir die Kinder und Jugendlichen frustrieren.

Frustration ist der Nährboden für Gewalt. Es wird eine Radikalisierung geben, die kaum zu kontrollieren und nur schwer zu stoppen sein wird. Es geht also bei dieser Diskussion nicht allein um das Klima – es geht um die Zukunft unserer Kinder. Und es braucht einen Konflikt, um Klimaverhandlungen zu starten, sonst wird nichts passieren.

PRINZIP 1

Play to win: Vorbereiten, nicht vorbelasten

»Die Zukunft war früher auch besser.«
Karl Valentin

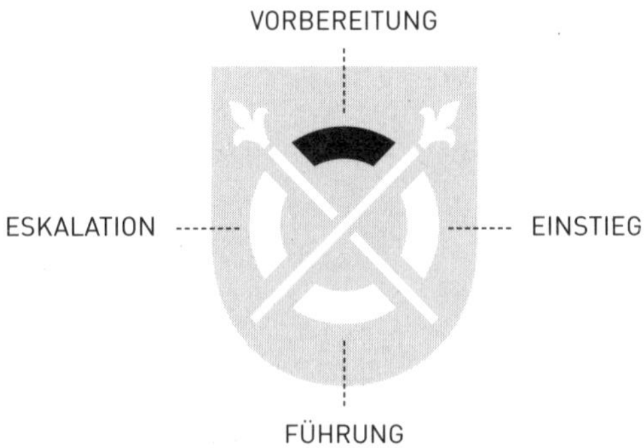

Verhandlungen der Zukunft

Um sich auch in Zukunft auf Verhandlungen optimal vorbereiten zu können, ist es wichtig, die Veränderungen zu verstehen. *Früher* hatten Unternehmen einen Dreijahresplan mit klaren Milestones, die eingehalten werden mussten. Es gab klare Ziele, eine klare Strategie und klare Punkte zur Umsetzung. *Heute* funktionieren diese Pläne nicht mehr, weil durch unzählige Veränderungen während dieser drei Jahre frühzeitig reagiert werden muss.

Das heutige Management wird gerne mit einem Besuch in einem Supermarkt verglichen: *Früher* hatte man einen Einkaufszettel dabei, den man abgehakt hat. Man wusste, was man wollte, und man konnte davon ausgehen, dass im Supermarkt alles verfügbar war. *Heute* geht man in den Supermarkt und schaut, was frisch, lecker und günstig ist. Danach stellt man sich sein Menü zusammen. Man weiß, dass man ein Abendessen kochen wird, lässt sich aber von dem Angebot inspirieren und trifft die Entscheidung erst nach Sichtung der verfügbaren Informationen.

Unübersichtlichkeit

Auch Verhandlungssituationen sind *heute* sehr viel unübersichtlicher, als sie das *früher* waren.

Beispiel: Wir begleiten derzeit eine schwierige Verhandlung in der Automobilbranche. Dabei gibt es viele schwer einschätzbare Faktoren: gesetzliche Vorgaben, CO_2-Steuern, Handelskonflikte mit China und den USA, die Ablösung des Verbrennungs- durch den Elektromotor, autonomes Fahren und viele andere mehr. Zudem hat die konfrontative Verhandlungsführung des US-Präsidenten Donald Trump bisherige Glaubenssätze durcheinandergewirbelt: Strafzölle werden angedroht, zurückgenommen und nochmals angedroht. Deutsche Automobilhersteller waren und sind mit der Frage konfrontiert, ob ein Werk in den USA sinnvoll ist und Investitionen getätigt werden sollten.

Für die Vorbereitung der Verhandlung bedeutet das, den Spielraum zu vergrößern, mehr Flexibilität zu erlauben und sich nicht zu früh festzulegen. Denn eine zu frühe Festlegung wird mit Sicherheit am Ende zu einem Gesichtsverlust der einen Partei führen, da während der Verhandlung ständig neue Informationen auftauchen. Man entscheidet sich also nach Sichtung der verfügbaren Informationen.

Verhandlungstipp
In unübersichtlichen Verhandlungsprozessen wird es keine finalen Entscheidungen mehr geben, sondern ein Ziel für die Verhandlung und eine flexible Strategie auf dem Weg dorthin.
Konkret bedeutet das, dass Sie sich nie festlegen dürfen und nie das Wort »final« benutzen dürfen. Sie entscheiden sich erst nach Sichtung der Informationen während der laufenden Verhandlung, nicht schon während der Vorbereitung der Verhandlung.

Fehlende Beziehungen

Glaubt man den Statements der globalen Konzerne, stehen Begriffe wie »langfristige Partnerschaften« und »Nachhaltigkeit« an oberster Stelle der Unternehmensziele. *Früher* waren diese Partnerschaften in persönlichen Beziehungen vorhanden. Manager blieben viele Jahre in einer Position, die Verhandlungen waren oft regional, und man konnte sich über die Zeit ein tragfähiges Beziehungsnetz aufbauen.

Beobachtet man die Verhandlungssituationen dieser Konzerne *heute*, bemerkt man sehr oft ein fehlendes Beziehungsgeflecht. Verhandlungsteams werden zur kurzfristigen Zielerreichung innerhalb von Quartalsergebnissen eingesetzt. Die Teammitglieder werden aus der internationalen Organisationsmatrix ausgesucht, ohne vorherige Beziehungen zu berücksichtigen. Verhandlungsteams kommen aus unterschiedlichen Kulturen, mit unterschiedlichen Sprachen, aus unterschiedlichen Zeitzonen, mit unterschiedlichen eigenen Interessen und sollen gemeinsam an einem Strang ziehen und das Unternehmensziel sichern. Das fehlende interne Verständnis und die fehlende interne Abstimmung erschweren die Verhandlungsführung im Team – nachhaltig. Noch schwerwiegender fällt die fehlende Beziehung zur Gegenseite ins Gewicht, denn dort werden Teams nach ähnlichen Gesichtspunkten zusammengestellt. Es kommen also zwei Teams an den Verhandlungstisch, die intern und extern keine bestehende und somit belastbare Beziehung haben.

Bei normalen »Day-to-day«-Verhandlungen fällt dieser Nachteil nicht weiter auf, bei schwierigen Verhandlungen fehlt das notwendige Sicherheitsnetz. Man hat kein Vertrauen und keine Möglichkeit, in einer Verhandlungspause zur Gegenseite zu gehen und ein »Nichtgespräch« zu führen. Diese im internationalen Kontext »off record« genannten Gespräche sind ein elementares Mittel zur Lösungsfindung bei angespannten und komplexen Verhandlungen. *Früher* ist dieser Nachteil nicht aufgefallen, weil es oft ein unsichtbares Netzwerk gab.

Beispiel: Holger und Martin hatten vor vielen Jahren in Stuttgart gemeinsam Maschinenbau studiert und nach dem Studium Kontakt gehalten. Holger war mittlerweile Leiter Key-Account-Management bei einem wichtigen Zulieferer der Automobilindustrie und Martin Chef einer Fachabteilung bei einem Hersteller von Automobilen.
Als eines Tages die Verhandlungsteams des Zulieferbetriebs und des Autoherstellers keine Lösung fanden und die Verhandlung abbrachen, drohte ein Lieferstopp. Holger und Martin erfuhren von dieser Situation, telefonierten miteinander, trafen sich in Stuttgart und fanden eine Lösung. Diese wurde den eigenen Verhandlungsteams mitgeteilt – beide Teams kehrten an den Verhandlungstisch zurück und vereinbarten einen Deal.

Dieses unsichtbare Netzwerk gibt es heute nicht mehr – und damit wird es in Zukunft auch die beständigen und verlässlichen Beziehungen nicht mehr geben. Die Einkaufsabteilung sitzt beispielsweise in den USA, die Entwicklungsabteilung in Indien und der Entscheidungsträger in Deutschland. Das macht informelle Einigungen immer schwerer.

Wichtig wird für die Vorbereitung der Verhandlung sein, das Verhandlungsteam nach meinem FBI-Business-Modell aufzubauen, da nur so ein strategischer Durchgriff während einer schwierigen Phase gewährleistet werden kann.

Verhandlungstipp

Setzen Sie Ihr Verhandlungsteam mithilfe der FBI-Business-Prinzipien auf. So ist gewährleistet, dass Ihr Team die Rollen kennt und auf Ihrer Seite Sicherheit herrscht. Wichtig ist, dass Sie nicht in ein Ratespiel einsteigen, sondern in der Vorbereitung bei sich und bei Ihrem Team bleiben.

Informationsdefizit und Entscheidungsbefugnis

Das Problem der Verhandlung ist nicht, dass zu wenig Informationen zur Verfügung stehen. Das Problem ist, dass diese Informationen nach falschen Gesichtspunkten selektiert werden.

In Verhandlungsprozessen besteht zudem die Gefahr, dass man mit den falschen Leuten am Verhandlungstisch sitzt. Oft ist überhaupt nicht klar, wer in einem Verhandlungsprozess tatsächlich verantwortlich ist, entscheiden kann und entscheiden darf. Man weiß auch nicht, wer die Informationen gesammelt und selektiert hat.

Konzerne sind in einer Matrixorganisation aufgestellt. Es gibt Verantwortungen für Fachbereiche und für geografische Gebiete. Fachbereiche haben eigene Forschungs- und Entwicklungsabteilungen, dazu Qualitätssicherung, Pre-Sales –

und das alles mit den dazugehörigen Hierarchiestrukturen. Bei den Regionalabteilungen gibt es unterschiedliche Hierarchien, beispielsweise einen »General Manager Germany«, dann einen »Head DACH« und darauf »Head of EMEA«, überlagert vom »Global Vice President« und über allem ein C-Level-Entscheidungsträger. Diese Matrix ist notwendig, und sie funktioniert zuverlässig und gut bei normalen, nicht besonders schwierigen Verhandlungen.

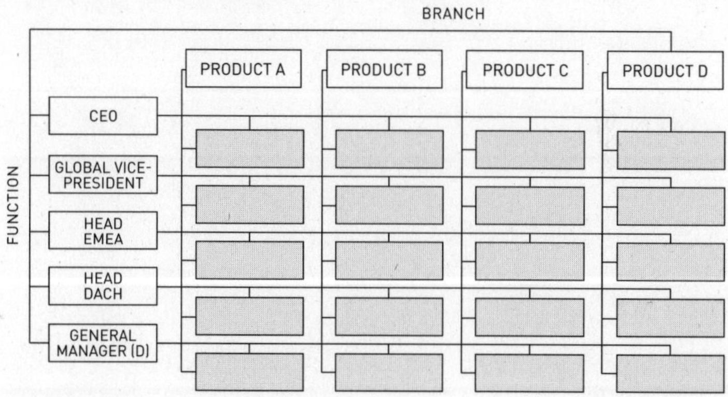

Beispiel einer Matrixorganisation

Bei schwierigen Verhandlungen mit internen und externen Eskalationen bietet die Matrixorganisation allerdings keinen Halt. Es kommt zu einem unkontrollierten Einschreiten von irgendwelchen Managementebenen. Das Topmanagement will lediglich helfen, zerstört jedoch den Verhandlungsprozess. Ich nenne dieses Einschreiten »friendly fire« – gut gemeint, aber schlecht für die Zielerreichung.

Beispiel: Ein für Deutschland, Österreich und die Schweiz verantwortlicher Sales-Manager möchte einen Vertrag mit einem Kunden abschließen. Der Umsatz ist ihm wichtig, da sein persönlicher Bonus umsatzabhängig ausbezahlt wird. Die Profitabilität ist für ihn nicht so relevant, weil er bei einem höheren Preis wohl den Kunden verlieren würde und der Profit eben nicht beim Bonus berücksichtigt wird. Also möchte dieser Sales-Manager den Vertrag mit einem hohen Umsatz und hohen Preisnachlässen unbedingt abschließen.
Der Global Vice President desselben Unternehmens hat gegensätzliche Interessen. Ihn interessieren vor allem die Preisnachlässe, da globale Kunden die Preise vergleichen und weltweit einheitliche Preise fordern. Wenn also ein Sales-Manager in Deutschland 10 Prozent Rabatt gibt, möchte ein französischer Kunde ebenfalls diese 10 Prozent Nachlass bekommen.
Kurz vor dem Vertragsabschluss interveniert der Global Vice President und verhindert den Deal mit einem Preisnachlass von 10 Prozent. Der Sales-Manager versteht die Welt nicht mehr, fühlt sich hintergangen und beschwert sich über mangelnde Rückendeckung des eigenen Managements – »friendly fire« eben, Beschuss aus den eigenen Reihen.

Entscheidungsträger bekommen definitiv viel zu viele Informationen: Die Quantität stimmt, die Qualität nicht. Denn ich habe immer wieder festgestellt, dass Entscheider genau die Informationen bekommen, die sie gerne hören möchten – aber nicht die Informationen, die sie für eine fundierte Entscheidung brauchen.

Entscheidungsträger möchten bei Verhandlungsprozessen von ihrem Verhandlungsteam etwa wissen: »Wie laufen die Verhandlungen?« Bei allem Respekt, das ist eine unglückliche Frage. Denn das Team fürchtet das Einschreiten eines Entscheiders und sendet deshalb grundsätzlich positive Signale:

»Alles gut, alles im Griff. Läuft!« Entscheider lehnen sich beruhigt zurück und sind später überrascht, wenn die Verhandlung »plötzlich« eskaliert. Es seien gerade erst zusätzliche Informationen bekannt geworden, rechtfertigt sich das Verhandlungsteam. Doch das ist nicht möglich. Mit einem funktionierenden Informations- und Reportingsystem mit klaren Regeln wäre das nicht passiert. Denn das Verhandlungsteam sollte keine emotionale Einschätzung abgeben, sondern nicht beliebig interpretierbare Fakten liefern. Es sollte berichtet werden, welche konkreten Forderungen gestellt wurden und welche konkrete Kooperationsbereitschaft gezeigt wurde.

Schon während der Vorbereitung muss also geklärt werden, wer auf der Gegenseite wirklich verantwortlich und entscheidungsbefugt ist. Es wird sonst mit den falschen Leuten verhandelt, und es werden intern falsche Informationen reportet.

Verhandlungstipp
Sorgen Sie intern für ein geordnetes Reportingsystem, damit Entscheidungsträger genau die Informationen bekommen, die sie für die Entscheidung brauchen – und nicht die Informationen bekommen, die sie gerne hören wollen.

Komplexität

Manche Verhandlungen sind derart komplex und kompliziert, dass eine Einigung schlichtweg nicht mehr möglich ist. Wir haben bei globalen Beratungsprojekten festgestellt, dass aufgrund der Komplexität die »Nichteinigung« zum neuen Standard wird.

Beispiel: Ein amerikanischer Chemiekonzern brachte in China eine Substanz auf den Markt, die als Grundlage für ein Pharmaprodukt und zur Weiterverarbeitung diente. Diese Substanz war in den USA von den zuständigen Behörden zugelassen und mit allen notwendigen Patenten beziehungsweise Intellectual-Property-Rechten versehen.
Die Substanz wurde in China von einem einheimischen Konzern gekauft, mit einem Zusatzstoff angereichert und an einen japanischen Endkunden verkauft. Der chinesische Konzern meldete sein leicht verändertes Produkt des US-Konzerns in China mit IP-Rechten an und verlangte von den Amerikanern Lizenzzahlungen. Deshalb drohte der US-Konzern mit einer Klage, schließlich halte er die Patente. Der chinesische Konzern drohte mit einer Gegenklage, da er seiner Ansicht nach selbst darüber verfüge.
Juristen bestanden auf objektiven Kriterien und fuhren damit die Verhandlung an die Wand. Das fertige Produkt wurde weiter an den japanischen Endkunden geliefert, der auf rechtliche Sicherheit pochte und ein Ende der Streitigkeiten forderte. Was tun?
Der Klageweg hätte mehrere Jahre gedauert – allein die Klärung der örtlichen Zuständigkeit für die Streiterei hätte Ewigkeiten gebraucht und viel Geld verschlungen. Sowohl bei einem Richterspruch – der höchst unwahrscheinlich war – als auch bei einem Settlement, einem außergerichtlichen Vergleich, wäre das Produkt zum Zeitpunkt der endgültigen Klärung veraltet und nicht mehr auf dem Markt.
Mithilfe unserer Beratung einigten sich der amerikanische und der chinesische Konzern darauf: »We agree to disagree.« Beide Konzerne arbeiteten normal weiter, belieferten auch den japanischen Kunden und hefteten den Konflikt als »Disagreement« intern ab.
Dem japanischen Endkunden wurde versichert, dass man sich geeinigt habe – was ja auch stimmte (»we agree«) – und dass rechtlich alles in Ordnung sei. Es gab eine kommerzielle Lösung mit festgelegten Bonus- und Malus-Regelungen, die hierzu erforderlichen Kennzahlen wurden eindeutig definiert.

Die zunehmende Komplexität ist ein Fakt, den man nicht verändern kann. Internationale Verträge unter Einbeziehung aller Compliance-Vorschriften führen zu umfangreichen und oft unübersichtlichen rechtlichen Würdigungen. Bei komplexen Verhandlungen wird es in Zukunft deshalb keine Einigung mehr geben können – ein »Disagreement« wird der neue Standard. Wichtig ist, während der Vorbereitung die internen Stakeholder, also die verantwortlichen Personen, einzubeziehen und auf eine solche Nichteinigung vorzubereiten.

Verhandlungstipp
Die Nichteinigung, ein »Disagreement«, wird der neue Standard. Überlegen Sie, ab wann eine weitere Auseinandersetzung in der Abwägung zwischen Kosten und Nutzen nicht mehr sinnvoll ist. Dann ist es ratsam, ein »Disagreement« einzugehen und ohne Vorwürfe und Anschuldigungen weiterzuarbeiten.

Mehrdeutigkeit

Mehrdeutigkeit gibt es immer häufiger. In Verhandlungen passiert das beispielsweise bei Gesetzestexten, die international unterschiedlich interpretiert werden, bei Übersetzungen, wenn ein Text missverstanden wird, bei Begriffen, die international unterschiedlich bewertet werden.

Beispiel: Mein Institut wurde zur Begleitung einer Verhandlung in Asien hinzugezogen, in dessen Fokus die Produktion von U-Bahn-Waggons stand. Aufgrund des Begriffs »automatische Türöffnung« gab es eine hohe Forderung eines asiatischen Kunden gegenüber dem europäischen Lieferanten.

Wer beispielsweise in Deutschland mit einer U-Bahn fährt, muss beim Anhalten an einer Station auf einen grün blinkenden Knopf drücken, sonst bleibt die Tür geschlossen. Wenn man auf diesen Knopf drückt, geht die Tür »automatisch« auf. Dieses System ist aus Sicht einer europäischen Firma eine »automatische Türöffnung«. Wer jedoch in Schanghai mit einer U-Bahn fährt, muss keinen Knopf drücken. Die Waggons sind meist so überfüllt, dass an jeder Station immer alle Türen aufgehen. Aus asiatischer Sicht hat somit eine »automatische Türöffnung« keinen Knopf zur Öffnung der Türen.
Der Kunde bestand darauf, dass alle Waggons – und das waren sehr viele – nachgerüstet werden. Der Druckknopf musste ausgebaut werden. Wer sollte also die erforderliche Nachrüstung bezahlen?
Den Vertragstext hatten beide Parteien unterschrieben, keine Partei hatte auf ein mögliches Missverständnis hingewiesen, weil es aus beiden Perspektiven »klar« geregelt war. Interessant ist an diesem Fall, dass die Möglichkeit einer anderen Interpretation bei Vertragsunterzeichnung nicht gesehen wurde. Es war keine Täuschungsabsicht oder Manipulation erkennbar, es war einfach die Mehrdeutigkeit des Begriffs.

Missverständnisse beruhen oft nicht auf böser Absicht, sondern auf mehrdeutigen Übersetzungen oder Sichtweisen. Mit zunehmender Globalisierung werden die Missverständnisse in Verträgen und Abmachungen zunehmen, bei guter Absicht von allen Vertragsparteien. Hier ist Diversifikation der Lösungsansatz: Verhandlungsteams sollten bereits während der Vorbereitung aus verschiedenen Kulturen bestehen. Die in Europa immer noch oft anzutreffende Teamstruktur mit »weiß« und »Mann« hat definitiv ausgedient.

Verhandlungstipp

Lassen Sie jeden Verhandlungspunkt der Agenda von der Gegenseite nochmals zusammenfassen. Fragen Sie die Gegenseite: »Was ist bitte Ihr Verständnis?«

Bei aufkommenden Missverständnissen konfrontieren Sie die Gegenpartei auf gar keinen Fall mit Vorwürfen und Anschuldigungen. Setzen Sie Ihr Verhandlungsteam mit Mitgliedern aus verschiedenen Kulturen zusammen, denn Diversität ist enorm wichtig bei internationalen Verhandlungen. So können Sie bereits im Vorfeld Missverständnisse erkennen und ausräumen.

Digitalisierung

Verhandlungen der Zukunft werden kaum mehr in Präsenzmeetings geführt. Verhandlungen am Telefon, per E-Mail und Teams geführt, fordern neue Taktiken. Wir stellen schon jetzt einen Trend zur »LinkedIn-Verhandlung« fest.

Die Verhandlungsteams treffen sich wie bisher auch persönlich in fest vereinbarten Meetings. Die Vorstellung und der Ablauf der Verhandlung sind dabei sehr formell: Man testet verschiedene Forderungen und schlägt Optionen vor. Bei einer Nichteinigung vereinbaren die Teams einen neuen Termin und ziehen sich zurück. Doch sobald die Leute nach der formellen Verhandlung online sind, läuft die Verhandlung über LinkedIn weiter: Jetzt wird sehr informell gesprochen, mehr gechattet als diskutiert und schnell eine Lösung gesucht. Interessant ist dabei, dass diese Unterhaltung auch für interne Stakeholder nicht sichtbar ist und nicht auf dem Unternehmensserver verfolgt werden kann.

Gerade bei globalen Verhandlungsprozessen ist es wichtig, die Kanäle für diese Art der Verhandlung offenzuhalten.

Beispiel: Bei einer Verhandlung in Neu-Delhi stellten wir fest, dass die junge Managergeneration dort ein formelles Meeting oft nur noch als lästiges Übel empfand: Man ging halt hin, weil man die internen Vorgaben erfüllen und intern keinen Stress mit dem Senior Management haben wollte.
Sobald das Meeting aber beendet war, gingen die jungen Manager online und suchten den Kontakt über LinkedIn. Hier loteten sie unterschiedliche Optionen aus und einigten sich rasch. Wenn möglich, traf man sich unkompliziert in irgendeinem Café und besprach die Details – ohne offizielle Terminvereinbarung, ohne Vorzimmer und ohne Assistenz.

Sorgen Sie also bereits während der Vorbereitung für ein professionelles LinkedIn-Profil. Sie sollten Ihre Expertise und Ihr Wissen auf diesem Profil sichtbar machen und zu einem Austausch einladen. Zeigen Sie Ihre beruflichen Stationen und Interessen, denn diese können ein gutes Element für das Kommunizieren von Gemeinsamkeiten sein. Beispielsweise können Sie schon während der Verhandlung auf die gemeinsamen Erfahrungen in China hinweisen.

Verhandlungstipp
Zeigen Sie sich auf den relevanten Social-Media-Kanälen. Seien Sie ansprechbar.

Inhaltliche Verhandlungsvorbereitung

Zielsetzung

»Verfolge dein Ziel, als ob du es nicht hättest.«
Laotse

Dieser Ratschlag von Laotse bedarf einer Erklärung. In jeder Verhandlung braucht es ein Maximalziel, auf das man hinarbeitet, sowie ein Minimalziel, also ein Mindestergebnis. Wenn man dieses Mindestziel nicht erreichen kann, bricht man die Verhandlung ab und kann mit dem »Disagreement« besser leben als mit einem »Agreement«. Je größer der Raum zwischen Maximalziel und Minimalziel ist, desto wahrscheinlicher wird eine Einigung, ein »Agreement«.

Zielpunkt und Zielraum

Wer keinen Raum zwischen Maximalziel und Minimalziel zulässt, wer einen Zielpunkt und keinen Zielraum setzt, verkrampft bei der Lösungsfindung. Viele Verhandlungsführer glauben, keinen Spielraum zu haben, weil Ziele eben vorgegeben sind. Es stimmt, dass es ein Minimalziel gibt und es dieses auch braucht. Es stimmt aber ebenso, dass man das eigene Ziel höher ansetzen kann und somit einen Zielraum statt eines Zielpunkts definiert.

Die Kunst der Verhandlung ist es, nicht zu verkrampfen und mit Leichtigkeit zu verhandeln. Diese Leichtigkeit – nicht Leichtsinnigkeit – lässt Sie spielerischer in einer Verhandlung agieren. Wenn wir beim Schranner-Konzept von »spielerisch« sprechen, wird das oft mit »nicht ernsthaft« gleichgesetzt – das ist jedoch nicht gemeint. Spielerisch bedeutet, sich auf das Spiel einzulassen und eine Verhandlung nicht allzu verkrampft anzugehen, sondern sich inspirieren zu lassen und neue Möglichkeiten einzubeziehen.

Aufgrund meiner Erfahrungen in globalen Verhandlungen gibt es Kulturen, die sehr spielerisch an Verhandlungen herangehen, allen voran im arabischen Raum. Das gilt in Asien sicherlich auch für China und Indien sowie in Europa für die Niederlande. Es sind die großen Handelsnationen, die über viele Jahrhunderte die Verhandlungsführung perfektioniert haben. Deutschsprachige Kulturen betrachten Verhandlungen hingegen wenig spielerisch und bewerten »den Basar« negativ.

Wenn eine Verhandlungspartei eine neue Forderung einbringt oder sogar gleich mehrere Forderungen bündelt, bekommt man von deutschen Verhandlungspartnern meist negative Kommentare zu hören: »Wir sind doch hier nicht auf einem Basar!« Oder: »Das ist doch kein Kuhhandel!« Man möchte mit diesen doch sehr unsinnigen Kommentaren die Verhandlung im Keim ersticken und zu einer vernünftigen und rationalen Verhandlungsführung zurückkehren.

Eine Verhandlung ist jedoch nicht allein rational und vernünftig, sondern hat immer ein spielerisches Element. Und wer international verhandeln möchte, braucht einen spielerischen Zugang und somit einen Zielbereich statt eines Zielpunkts.

Damit diese spielerische Verhandlung möglich ist, benötigt man ausreichend spielerische Masse. Konkret bedeutet das, dass man eine Liste mit Forderungen vorbereitet haben sollte, um Spielraum aufzubauen und innerhalb dieses Spielraums agieren zu können.

Für die Verhandlungen der Zukunft braucht es mehr Flexibilität: Sorgen Sie für einen Zielbereich und nicht für einen Zielpunkt.

Verhandlungstipp

Schreiben Sie eine Liste mit Forderungen – nicht mit Argumenten –, damit Sie einen Zielraum definieren können.

Laden Sie zur Vorbereitung der Verhandlung Kolleginnen und Kollegen aus Ihrem Unternehmen ein, die andere Sichtweisen und Erfahrungen haben. Wer eine Verhandlung ausschließlich mit Personen aus dem eigenen Bereich vorbereitet, wird nur auf die bereits bekannten und immer wieder genannten Forderungen kommen.

Beginnen Sie das Meeting mit der Regel, dass es ein Brainstorming ist und Möglichkeiten nicht von vornherein ausgeschlossen werden dürfen. Negative Kommentare zu Vorschlägen sind nicht erlaubt.

Schreiben Sie alle möglichen Forderungen auf, die Sie an die Gegenseite haben. Unabhängig von Realität und Machbarkeit: Einfach aufschreiben!

Motivieren Sie Ihre Kolleginnen und Kollegen dazu, auch unvernünftige und irrationale Forderungen einzubringen.

Erst wenn viel gelacht wird, sind Sie in der spielerischen Verhandlung angekommen.

Es sollten mindestens zwanzig Forderungen sein. Je mehr Forderungen, desto besser.

Priorisieren Sie nun die notierten Forderungen, indem Sie sie farblich kennzeichnen:

- *Rot:* Diese Forderung ist unverzichtbar, ein »Muss«. Wenn Sie diese Forderung nicht bekommen, müssen Sie die Verhandlung abbrechen. (Beispiele: Haftungsklauseln, Gewährleistungen, IP-Rechte.)
- *Gelb:* Diese Forderungen sind Ihnen wichtig, es gibt jedoch Verhandlungsspielraum. (Beispiele: Preise, Laufzeiten, Volumen.)
- *Grün:* Diese Forderungen müssen Sie nicht zwingend bekommen, dienen jedoch dazu, neue Möglichkeiten auszuloten. (Bei-

spiele: quartalsweise Meetings, gemeinsames Marketingkonzept.)

FORDERUNGEN	PRIORITÄT	VERANTWORTLICHER
FORDERUNG 1	ROT	NAME
FORDERUNG 2	GELB	NAME
FORDERUNG 3	GRÜN	NAME
FORDERUNG 4	GRÜN	NAME
FORDERUNG 5	ROT	NAME
FORDERUNG 6	ROT	NAME
FORDERUNG 7	GELB	NAME
FORDERUNG 8	GRÜN	NAME
FORDERUNG 9	GELB	NAME
FORDERUNG 10	ROT	NAME

Bringen Sie diese Forderungen in eine Reihenfolge: Mit welcher Forderung möchten Sie beginnen, bei welcher Forderung könnten Sie Kooperationsbereitschaft zeigen?
Die Motivation im Verhandlungsteam wird steigen, man freut sich, das Spiel zu beginnen und auszuprobieren. Die Macht im Verhandlungsteam ist größer geworden. Man hat vorbereitet, was man haben möchte, und nicht, was man geben muss.

Je globaler die Verhandlung, desto größer muss der Spielraum sein. Je größer der Spielraum, desto mehr Möglichkeiten gibt es für eine Vereinbarung. Die Kunst der Verhandlung besteht darin, ein klares Ziel zu haben und sich während der Verhandlung auf das Spiel einzulassen. Oder wie Laotse es formuliert: »Verfolge dein Ziel, als ob du es nicht hättest.«

Das Schranner-Konzept soll Sie dazu ermuntern, sehr positiv und spielerisch in Verhandlungen zu gehen. »Play to win«

steht deshalb über diesem Kapitel. Sie sollten den Willen zum Gewinnen mitbringen, eine Verhandlung sollten Sie eher als sportliche Herausforderung betrachten. Bei allen Sportarten gibt es Regeln, und unfaires Spiel ist nirgends erlaubt. Das gilt auch für Verhandlungen – unfaires Verhandeln ist verboten. Keine Tricks, keine Manipulation!

Es ist allerdings auch nichts Verwerfliches daran, ein Spiel gewinnen zu wollen. Ich gehe sogar noch weiter: Wenn Ihr Gegenüber gegen Sie gewinnen will, dann will es auch spielen. Und es wäre sehr enttäuscht, wenn Sie sehr schnell nachgeben würden. Durch das Spiel an sich, das Ausprobieren von neuen Spielzügen, das Einbringen und Auswechseln von Spielern oder Verhandlungsführern werden alle Parteien besser. Denn an starken Gegnern wächst man, man lernt voneinander und wird routinierter – von schwachen Gegnern kann man nichts lernen.

Der US-Künstler Frank Stella sagte in einem Interview: »Gewinnen wird erst dann interessant, wenn man jemanden schlägt, der sich mindestens auf demselben Niveau befindet wie man selbst. Eigentlich ist das Wesen von Wettbewerb die Achtung vor seinem Konkurrenten. In einem fairen Wettkampf befeuert man sich gegenseitig. Am Ende gewinnen beide, wenn man es genau betrachtet.« Ja, genau das meine ich mit meiner Philosophie der Verhandlung. Am Ende gewinnen beide Parteien, nachdem sie den Wettbewerb angenommen haben.

Fokus auf sich selbst

> *»Bei gleicher Umgebung lebt doch jeder in einer anderen Welt.«*
> *Arthur Schopenhauer*

In fast allen Ratgebern zur Verhandlungsführung steht, dass man sich über die Gegenseite informieren soll. Man soll vor der Verhandlung bereits herausfinden, was für die Gegenseite wichtig ist. Nein, das gilt nicht mehr für die Verhandlung in der Zukunft! In dieser globalen, vernetzten, digitalisierten und komplexen Verhandlungswelt können Sie nicht mehr wissen, was der Gegenseite wirklich wichtig ist.

Es gibt so viele verschiedene Wertesysteme und so viele verschiedene Perspektiven. *Früher* hatte man bei vielen Themen Übereinstimmungen, beispielsweise ein gemeinsames Verständnis von Fairness. *Heute* gibt es andere Herausforderungen. Wer in der globalen Welt mitspielen möchte, muss sich auf die neuen Spielregeln einlassen.

Mit dem Schranner-Konzept fokussieren Sie sich auf die *eigene* Vorbereitung, die *eigenen* Ziele und die *eigenen* Forderungen. Sie dürfen nicht überlegen, was der Gegenseite wichtig sein könnte. Sobald Sie sich in der Vorbereitung einer Verhandlung mit den Zielen und Wünschen der Gegenseite beschäftigen, geraten Sie in ein Ratespiel, das Ihnen schaden wird. Sie können nicht wissen, was der Gegenseite wichtig ist – deshalb sollten Sie auch gar nicht erst versuchen, es herauszufinden. Die Gegenseite hat ein anderes Wertesystem als das Ihre, die Gegenseite »lebt in einer anderen Welt«, wie es Schopenhauer sagte.

Was ist die Realität, was sind realistische Forderungen?

Was ist Fairness, wo hat Fairness ihre Grenzen? Lassen Sie es mich anders formulieren: Sind Sie in einer Verhandlung schon einmal enttäuscht worden? Wenn ja, haben Sie genau diesen Fehler gemacht. Sie hatten eine gewisse Vorstellung von Realität und Fairness, und diese Vorstellung wurde nicht bestätigt – Sie wurden enttäuscht. Denn Sie dachten, dass die Gegenseite wie auch Sie selbst mit realistischen Forderungen an den Tisch kommen würde. Und dann passierte etwas anderes – das darf doch nicht wahr sein! Die Enttäuschung ist nichts anderes als das Ende der Täuschung. Daher: Bereiten Sie sich intensiv und gewissenhaft vor, eigene Ziele und eigene Forderungen mit einer klaren Priorisierung.

Beispiel: Ein deutsches Unternehmen wollte eine Maschine nach China verkaufen. Ein Argument für diesen Deal war eine außerordentlich hohe Garantieleistung: Es gab 30 Jahre Garantie, aus Sicht des deutschen Unternehmens eine sehr faire Geste. Doch der potenzielle chinesische Kunde kam mit einer überraschenden Forderung an den Verhandlungstisch. Er sagte, er sei nur für die kommenden drei Jahre für die Produktion verantwortlich und möchte die Maschine kaufen – aber nur für die drei Jahre der Nutzung bezahlen. Nach seinem Weggang könne der deutsche Lieferant ja wieder mit dem Nachfolger verhandeln. Der deutsche Verhandlungspartner fand diesen Vorschlag höchst unfair, war maßlos enttäuscht und wurde emotional. Die Verhandlung scheiterte.

Machen Sie sich also bitte keine Gedanken, was die Gegenseite haben möchte, was ihr wichtig sein könnte. Beenden Sie das Ratespiel. Denn wenn Sie raten, haben Sie bestimmte Erwartungen an den Verhandlungspartner, die wahrscheinlich nicht erfüllt werden. Und wenn Sie enttäuscht sind, werden Sie emotional und begehen schwerwiegende Verhandlungsfehler.

Sie sollten natürlich wissen, was Ihrem Gegenüber wichtig ist. Doch das finden Sie *während* der Verhandlung heraus, nicht vorher!

Verhandlungstipp
Bleiben Sie während der Vorbereitung bei sich. Sie sollten sich vorbereiten – »belasten« sollten Sie sich nicht. Wer mit Erwartungen an die Gegenseite in die Verhandlung einsteigt, geht belastet in diese Verhandlung.
Sie können gerne meine Einstellung übernehmen: Ich bin Pragmatiker, für mich gibt es keine Wahrheit.

Aufstellen des Verhandlungsteams

»Talent wins games, but teamwork wins championships.«
Michael Jordan

Ich arbeite bei der Begleitung von schwierigen Verhandlungen mit dem FBI-Business-Team-Modell. Alle mir bekannten Krisenstäbe der Welt verwenden genau dieses Rollenmodell.

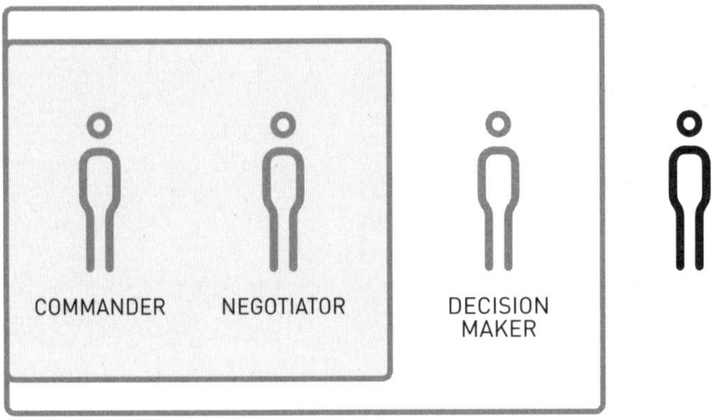

Das FBI-Business-Team-Modell

Ein Verhandlungsführer der Polizei verhandelt nie allein. Und das hat einen guten Grund: Wer allein verhandelt, ist rational und vor allem emotional sehr stark in die Verhandlung eingebunden. Er ist auf sein Ziel fixiert und hat deshalb seine Strategie und seine Forderungen ständig präsent. Diese Konzentration ist sehr gut für zielgerichtetes Verhandeln – und sehr schlecht für analytisches Zuhören.

Analytisches Zuhören – also nicht nur das Hinhören, sondern auch das Hineinhören – ist nur möglich, wenn Sie einen Teil Ihrer Konzentration auf das Gegenüber verwenden können. Bei sehr stressigen und emotional geführten Verhandlungen kann es sein, dass der Verhandlungsführer durch sein zielgerichtetes Verhandeln das Zuhören und damit wichtige Chancen vernachlässigt. Deshalb wird bei polizeilichen Verhandlungen der Verhandlungsführer beim Zuhören und strategischen Vorgehen unterstützt.

Polizeiliche Verhandlungen werden immer im Team geführt. Die Aufteilung des Teams in Negotiator, Commander und Decision-Maker empfehle ich auch für Geschäftsverhandlungen.

Beispiel: Wie Sie vielleicht wissen, war ich 17 Jahre bei der Polizei und davon sechs Jahre bei der Drogenfahndung. Ich war zivil »undercover« unterwegs. Mein Job war es, Drogendealer zu observieren, Drogen zu kaufen und Dealer festzunehmen. Mit einigen Drogendealern verstand ich mich wirklich gut, vielleicht sogar zu gut. Aus heutiger Sicht kann ich sagen, dass es nach einigen Jahren schwer war, die Grenze zwischen Gut und Böse zu ziehen – ich hatte Verständnis für die Gegenseite entwickelt. Bitte verstehen Sie mich nicht falsch, ich möchte Kriminalität und vor allem Drogendealer nicht schönreden. Aber ich habe mit Menschen auf der Gegenseite verhandelt – und im Kontakt mit Menschen entwickelt man Beziehungen.
Sie kennen sicherlich den Begriff des »Überlaufens«: Man findet die Gegenseite sympathisch, entwickelt Verständnis und »läuft über«. Einige Kollegen waren zu lange bei der Fahndung und sind tatsächlich irgendwann auf die andere Seite übergelaufen. Es ist ein harter Job: Wer länger als drei Jahre in diesem Job arbeitet, gerät zumindest mal in Versuchung, die Seiten zu wechseln und zu den Drogendealern überzulaufen.

Dieses Phänomen erlebe ich auch im Business. Ein Key-Account-Manager beispielsweise, der schon seit Jahren einen bestimmten Kunden betreut, empfindet für diesen Sympathie und Verständnis – er läuft über. Man bemerkt das sehr schnell bei internen Meetings, wenn dieser Key-Accounter für den Kunden argumentiert, dessen Position verteidigt und rechtfertigt. Doch wer Sympathie für die Gegenseite entwickelt, möchte natürlich keinen Konflikt herbeiführen und die Beziehung beschädigen.

Langjährige Key-Account-Manager sind fast immer übergelaufen und für Verhandlungen nicht mehr geeignet. Ich behaupte: Wer länger als drei Jahre mit einem Partner zusammenarbeitet, möchte keinen Konflikt riskieren und auf gar keinen Fall eine wertvolle Beziehung beschädigen. Deshalb: Key-Account-Manager mit mehr als drei Jahren »Erfahrung« sind für die Rolle des Negotiators nicht mehr geeignet. Man braucht Leute, die den Konflikt lieben, nicht die Gegenseite.

Business-Negotiator

Der Business-Negotiator kann eine Mitarbeiterin oder ein Mitarbeiter des Unternehmens sein. Wichtig ist, dass er zur Gegenseite keine persönliche Beziehung hat. Ein Negotiator muss den Konflikt gernhaben, nicht die Gegenseite.

Aufgaben des Business-Negotiators:

- Er stellt sich persönlich vor.
- Er macht die eigene Verantwortung für die Verhandlung deutlich.
- Er macht bereits zu Beginn auf interne Prozesse aufmerksam.

Business-Commander

Der Commander behält das »big picture« im Fokus und spricht immer positiv über die Gemeinsamkeiten in diesem Konflikt. Ein Commander kontrolliert den Negotiator und ist die Schnittstelle zum Decision-Maker.

Aufgaben des Business-Commanders:

- Bei Face-to-Face-Verhandlungen bleibt ein Commander nach einer kurzen Vorstellung im Raum, überlässt die Verhandlung jedoch dem Negotiator.
- Der Commander spricht zu Beginn über die großen, gemeinsamen Ziele und hört genau zu, notiert den Verlauf der Verhandlung mit, greift jedoch nicht in die Verhandlung ein.
- Bei gezielten Fragen an den Commander bleibt dieser un-

genau und verweist auf die Verantwortung des Negotiators.

- Er schreibt die Verhandlung in Stichworten mit.
- Er gibt während einer Verhandlungspause dem Negotiator Tipps, wie diese Informationen interpretiert werden können.
- Er gibt dem Negotiator Tipps, um neue Forderungen einzubringen.

Business-Decision-Maker

Ein Decision-Maker ist der finale Entscheidungsträger und kann eine Einzelperson wie ein CEO oder ein Gremium sein.

Die Aufgaben des Business-Decision-Makers:

- Er trifft die Entscheidung.
- Er trägt die Verantwortung für diese Entscheidung.
- Er übergibt das Verhandlungsmandat, die LTN, die »License To Negotiate«.

Reportingsystem

Aufgrund der Globalisierung und der ständigen Fluktuation in Unternehmen braucht es eine neue Struktur innerhalb des Unternehmens.

Ein Business-Decision-Maker benötigt für die Entscheidungen verlässliche Informationen und keine persönlichen Einschätzungen der beteiligten Personen. Fragen wie »Wie laufen die Verhandlungen?« sollten nicht gestellt werden – es sollten im Grunde überhaupt keine Fragen gestellt werden.

Vor Beginn der Verhandlung sollten folgende Punkte klar geregelt sein:

- Wie oft wird ein Decision-Maker informiert (zum Beispiel täglich, wöchentlich et cetera)?

- Bei welchen Ereignissen ist eine Information an den Decision-Maker unbedingt erforderlich (zum Beispiel bei einem Shitstorm im Internet)?
- In welcher Form sollen diese Informationen übermittelt werden (zum Beispiel per E-Mail, persönlich et cetera)?
- Welche Veränderung haben sich in der Verhandlungsstrategie ergeben?
- Welche Forderungen wurden von dem eigenen Team gestellt?
- Welche Forderungen wurden von der Gegenseite gestellt?
- Welche Kooperationsbereitschaft gibt es derzeit von beiden Parteien?

Aufbau eines Kompetenzzentrums

Dieses Reportingsystem sollte nicht für eine einmalige Verhandlung stehen, sondern im Unternehmen langfristig verankert werden. Immer mehr Unternehmen gehen dazu über, ein Kompetenzzentrum für bestimmte Bereiche einzuführen, zum Beispiel für den Einkauf, Logistik, Controlling und anderes. Für Verhandlungsprozesse fehlt dieses Kompetenzzentrum bei den meisten Unternehmen allerdings noch.

Ich bin immer wieder überrascht, wie viel Wissen und Erfahrung über Verhandlungsführung in Unternehmen existiert – und wie wenig es für schwierige Verhandlungen genutzt wird. Es gibt oft schlichtweg keine Daten über vorhandenes Know-how, die internen Verhandlungsprofis werden nicht erkannt und nicht gefördert. Das ist der Grund, warum in den Unternehmen der Erfolg oder Misserfolg einer Verhandlung von einer Person abhängig ist und nicht von der unternehmensweiten Verhandlungsstrategie. Es braucht also ein Kompetenzzentrum, ein »Center of Negotiation-Excellence« in Unternehmen mit folgenden Aufgaben:

- *Analyse:* Festlegung einer unternehmensweiten, globalen und bindenden Verhandlungsstrategie. Wo sind unsere Stärken, und wo sind unsere Schwächen?
- *Führungskraft:* Klärung der strategischen Fragen: Wie beispielsweise sehen wir unser Unternehmen – als Lieferanten oder als Partner für den Kunden?
- *Assessment-Center* zur Analyse und Auswahl der geeigneten Personen für die Rolle des Verhandlungsführers und Commanders.
- *Training:* Schulung der jeweiligen Personen für die Rolle des Negotiators oder Commanders.
- *Implementierung:* Errichtung eines Kompetenzzentrums, einem Center of Negotiation-Excellence.
- *Support:* Erfahrungen und Erkenntnisse müssen im Unternehmen geteilt werden, es braucht eine lernende Organisation. Verhandlungsteams müssen die Möglichkeit haben, nachzufragen und sich Rat zu holen. Gerade in schwierigen Phasen braucht es den Support, eine echte Unterstützung.

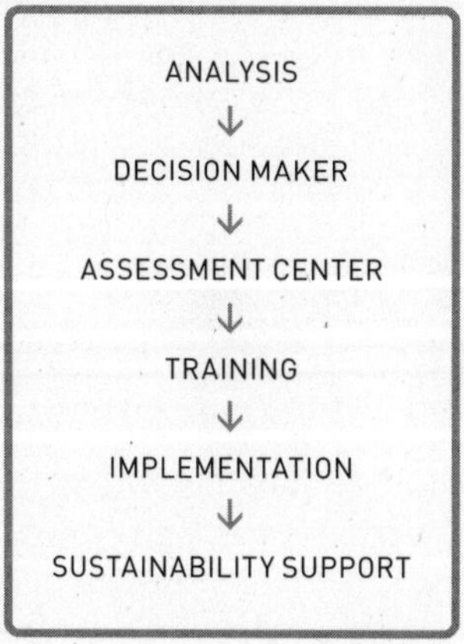

Ein Prozess zur Schaffung eines Kompetenzzentrums für Verhandlungen

Networking

Nach der Implementierung eines neuen Reportingsystems und dem Aufbau eines Centers of Negotiation-Excellence sollte ein strategisches Networking eingeführt werden. Dieses Networking ermöglicht einen Austausch von Erfahrungen durch:

- quartalsweise Meetings mit allen internen Verhandlungsprofis,
- Schulungen der eigenen Teams,
- Errichtung einer LinkedIn-Gruppe für einen schnellen Austausch,
- quartalsweise Berichte an die Decision-Maker über den Stand der schwierigen Verhandlungen,
- einen verantwortlichen Manager, der alle Präsenz- und Onlinemeetings leitet und eine Zusammenfassung erstellt.

So lassen sich alle Veränderungen in der Verhandlungsführung schnell erkennen und globale Prozesse neu abstimmen.

Verhandlungstipp
Für erfolgreiche Verhandlungen brauchen Sie innerhalb Ihres Unternehmens ein Reportingsystem, ein Center of Negotiation-Excellence und strategisches Networking.

Mentale Vorbereitung

»Auf die Dauer der Zeit nimmt die Seele die Farbe der Gedanken an.«

Marc Aurel

Es ist erstaunlich, wie Unternehmen aus den deutschsprachigen Ländern eine Verhandlung beschreiben. Nahezu alle sagen: »Wir *müssen* verhandeln.« Das Wort »müssen« beschreibt den Zwang zu einer Verhandlung, etwas Unfreiwilliges, Störendes.

Eine Verhandlung ist ein Konflikt, den es zu lösen gilt. Die Beschreibung des Konflikts ist eine Entscheidung, die jeder für sich selbst treffen kann. Sie haben die Freiheit, einen Konflikt als *positiv* zu empfinden – sich auf die Auseinandersetzung zu freuen und gut gestimmt in die Verhandlung einzusteigen. Sie haben aber auch die Freiheit, einen Konflikt als *negativ* zu empfinden und die Verhandlungspartner mit Schimpfnamen zu betiteln – Sie »müssen« ja schließlich mit diesen »Idioten« zu einer Lösung kommen.

Erstaunlich ist, dass Unternehmen aus anderen Ländern wie Indien oder den Niederlanden Verhandlungen grundsätzlich sehr positiv bewerten und sich tatsächlich auf die Auseinandersetzung, auf das Kräftemessen freuen. In Indien höre ich oft die Beschreibung »good problem«: Es gibt einfach eine Situation, die es zu lösen gilt – und das sollte natürlich auch noch richtig Spaß machen.

Ihre persönliche Bewertung der Verhandlung wird sich in Ihrer Wortwahl widerspiegeln. Ihr Gegenüber wird sehr schnell Ihre Bewertung erkennen. Ihre Worte zu Beginn der

Verhandlung werden Sie verraten. Sie sollten sich deshalb bestimmte Techniken und Formulierungen antrainieren. Die schlechte Nachricht gleich vorweg: In schwierigen Verhandlungen unter Stress fallen Ihnen diese Formulierungen garantiert nicht ein! Die einzig wirklich funktionierende Möglichkeit ist, dass Sie sich ehrlich auf die Auseinandersetzung freuen. Der Gedanke, also Freude oder Frust, wird Ihre Seele beeinflussen und Sie positiv oder negativ durch die Verhandlung begleiten.

»Am Anfang war das Wort«, das steht schon in der Bibel geschrieben. Benutzen Sie bei der Vorbereitung der Verhandlung, bei der Beschreibung des kommenden Konflikts ausschließlich positive Worte. Sprechen Sie beispielsweise von einer »Herausforderung« und nicht von einem »Problem«. Das mag Ihnen oberflächlich und »amerikanisch« vorkommen, es hilft dennoch. Denn das Wort lenkt den Gedanken, und der Gedanke lenkt Ihre Seele, die Einstellung zur Verhandlung.

Besonders wichtig ist die richtige Wortwahl bei Teammeetings. Ein Verhandlungsteam wird positiv einsteigen, wenn das Briefing positiv verläuft. Sprechen Sie also von »Kräftemessen«, oder sagen Sie: »Wir zeigen denen, wie gut wir verhandeln können.« Im Sport nennt man diese Einstellung »play to win«. Das Team geht mit der Einstellung »Wir wollen gewinnen!« in eine Verhandlung und eben nicht mit »Hoffentlich verlieren wir nicht!«.

Betiteln Sie die Gegenseite nicht mit negativen Worten, auf gar keinen Fall die Personen der Gegenseite. Suchen Sie positive Begriffe für die Personen der Gegenseite – das wird lustig und bringt das Team in die spielerische Verhandlung. Spielerisch, nicht leichtsinnig und nicht respektlos.

Verhandlungstipp
Zur mentalen Vorbereitung: Spielen Sie »play to win«. Benutzen Sie positive Worte. Und freuen Sie sich auf die Verhandlung!

Storytelling

»The most powerful person in the world is the story teller.«
Steve Jobs

Eine Verhandlung steht nie für sich allein, sie ist immer eingebettet in einen Prozess. Dieser wird intern und extern beobachtet, bewertet und beurteilt. Mit der zunehmenden Beobachtung durch die sozialen Medien wird kaum mehr eine Verhandlung im Geheimen stattfinden. Es gibt nun zwei Möglichkeiten: Erstens, Sie schirmen sich noch besser ab und versuchen, Informationen zu schützen. Oder Sie planen zweitens von Anfang an die Allgemeinheit ein und stellen den Verhandlungsprozess öffentlich dar.

In politischen Verhandlungen und vor allem in der Diplomatie wäre es natürlich von Vorteil, wenn es diesen geschützten Raum noch gäbe. Meine Erfahrung zeigt hingegen, dass auch diese, manchmal sehr heiklen Verhandlungen von den beteiligten Personen selbst oder von Außenstehenden öffentlich gemacht werden. Das geschieht oft mit der Absicht, sich einen Vorteil zu verschaffen und der Gegenseite zu schaden.

Das Schranner-Konzept ist immer proaktiv und nie abwartend. Deshalb rate ich zu einer proaktiven Vorgehensweise und zu einer rechtzeitigen Einbindung der Öffentlichkeit. Zu Beginn muss deshalb neben der inhaltlichen, internen und »Play to win«-Vorbereitung auch dem Storytelling Zeit gewidmet werden.

Beispiel: Sie haben sicherlich die Verhandlungen der Übernahme von Monsanto durch Bayer mitverfolgt. Sie kennen die Chancen und Risiken, Sie wissen von der Klagewelle und dem sinkenden Aktienkurs. Kennen Sie jedoch die Story hinter dieser Übernahme? Wissen Sie, welche großartigen Möglichkeiten sich aus der Zusammenarbeit von Monsanto und Bayer ergeben könnten? Nein, die kennen Sie nicht. Einfach deshalb nicht, weil niemand davon erzählt hat.

Der Verhandlungsprozess um die Übernahme von Monsanto wurde ohne Storytelling aufgebaut. Bayer hatte sich um den Fusionsprozess gekümmert, alles sehr professionell und auf Zahlen und Kennziffern fokussiert. Die Fachwelt und Juristen, meist rationale und vernünftige Menschen, schauten auf die Zahlen und Potenziale und sahen sicherlich gute Gründe für die Übernahme.

Die emotionale Seite wurde aber nicht angesprochen, es gab keine emotionale Story. Es ist schon fast erschreckend, wie Bayer auf die Vorwürfe zu Monsanto reagierte. Auf alle emotionalen Vorwürfe wurde rational reagiert – es wurden immer wieder Statistiken und Gutachten angeführt. Werner Baumann, der Vorstandsvorsitzende von Bayer, sagte in einem Interview, man müsse die Diskussion versachlichen.

Bayer befand sich ständig in der Defensive und reagierte auf Vorwürfe mit rationalen Rechtfertigungen. Doch eine Verhandlungsführung aus der Defensive kann nicht gelingen, vor allem, weil die eigenen Leute die Gefolgschaft verweigern werden. Wer sein eigenes Team mitnehmen, motivieren und auch für die schwierige Phase der Verhandlung fit machen möchte, braucht eine Story. Diese müsste sich auf die Sinnhaftigkeit der Verhandlung konzentrieren: Welchen

Sinn bringt diese Verhandlung für die Firma, die Öffentlichkeit oder für die Welt?
Ob die Übernahme von Monsanto richtig oder falsch war, möchte ich nicht beurteilen. Die Verhandlung zur Übernahme von Monsanto kann ich beurteilen – und hier hat ein wichtiges Element gefehlt: die emotionale Einbindung der Öffentlichkeit mit einer Story. Aber welche hätte das sein können?
In Gesprächen mit Experten habe ich den Eindruck gewonnen, dass durch den Zusammenschluss von Monsanto und Bayer eine Getreidesorte entwickelt werden kann, die in Teilen Afrikas die Hungersnot lindern könnte. Diese Getreidesorte wäre so resistent gegen Dürre, dass eine regelmäßige Ernte sichergestellt wäre.
Nehmen wir mal an, Bayer wäre mit der Story »Ende des Hungers in Afrika« in den Verhandlungsprozess eingestiegen. Durch den Zusammenschluss von Bayer und Monsanto, die Zusammenlegung von Know-how und Erfahrung sowie den Austausch von Daten wäre die Entwicklung innerhalb eines Jahres möglich. Wer hätte da schon widersprechen können? Es wäre eine emotionale Einbindung der Öffentlichkeit mit einer proaktiven Herangehensweise und einem sicherlich besseren Verhandlungsergebnis für beide Seiten. Zudem wären die eigenen Teams motiviert, den Zusammenschluss voranzutreiben.
Natürlich gibt es viel Pro und Kontra zu Monsanto, und natürlich gibt es viele kritische und berechtigte Stimmen gegen den Zusammenschluss. Ich möchte und kann nur den Verhandlungsprozess bewerten – und dieser wäre viel besser verlaufen, wenn ein gutes Storytelling integriert gewesen wäre.

Es gibt noch sehr viel mehr Beispiele. »Stuttgart 21« wurde komplett ohne Einbindung der öffentlichen Meinung durchgedrückt, die Diskussionen über »Artikel 13« und den dazugehörigen »Upload-Filter« wären aus verhandlungsstrategischer Sicht mit einer glaubwürdigen Story ebenfalls besser gelaufen.

Es braucht also eine Story, die eine emotionale Geschichte zu dem Verhandlungsprozess erzählt. Es braucht eine Sinnhaftigkeit der Verhandlung, und dazu reichen Unternehmenszahlen und Aktiengewinne allein nicht mehr aus. Auch hierbei ist es wichtig, eine ehrliche Geschichte zu erzählen – »Fake News« sind nicht erlaubt.

Verhandlungstipp
Jede Verhandlung braucht eine Sinnhaftigkeit. Erzählen Sie den Sinn der Verhandlung in einer Story. Und gehen Sie proaktiv an die Öffentlichkeit.

Schranner- versus Harvard-Konzept

Viele globale Kunden verhandeln nach dem Schranner-Konzept – obwohl ich das bisher selbst nie so genannt habe. Es ist sogar ein Verb entstanden: »schrannern«. In manchen Meetingräumen hängen Poster mit den Verhandlungsprinzipien. Wir haben auf Wunsch unserer Kunden sogar ein Tassenset anfertigen lassen: Ein Decision-Maker bekommt die Tasse mit einem »D«, ein Commander die Tasse mit »C«, ein Negotiator die mit »N« und ein Experte die mit »E«.

Die vier Verhandlungstassen

Meine Methode ist zu einem eigenen Verhandlungskonzept herangewachsen. Bei der Vorbereitung von Verhandlungen gibt es deshalb immer häufiger interne Diskussionen, ob man nach dem altbewährten Harvard-Konzept oder nach dem neuen Schranner-Konzept agieren sollte. Im folgenden Abschnitt zeige ich Ihnen die Gemeinsamkeiten und Unterschiede der beiden Konzepte. Sie können sich entscheiden, ob und bei welchen Verhandlungen Sie das Schranner-Konzept anwenden möchten. Ich bin nicht gegen das Harvard-Konzept, es gilt für die jeweilige Verhandlung das bestmögliche Konzept zu nutzen.

Elemente einer Verhandlung

Das Grundelement der Verhandlung ist ein Konflikt. Ihr Gegenüber hat etwas, was Sie brauchen – und die Gegenseite ist nicht bereit, es herzugeben.

Das zweite Element ist die gegenseitige Abhängigkeit. Da es keine echte Alternative zu Ihrem Gegenüber gibt, müssen Sie mit Ihrem Gegenüber den Konflikt lösen.

Bei schwierigen Verhandlungen kommt noch ein drittes Element dazu: die Rechthaberei. Beide Seiten glauben, im Recht zu sein, und verlangen von der Gegenseite, ihre Position aufzugeben.

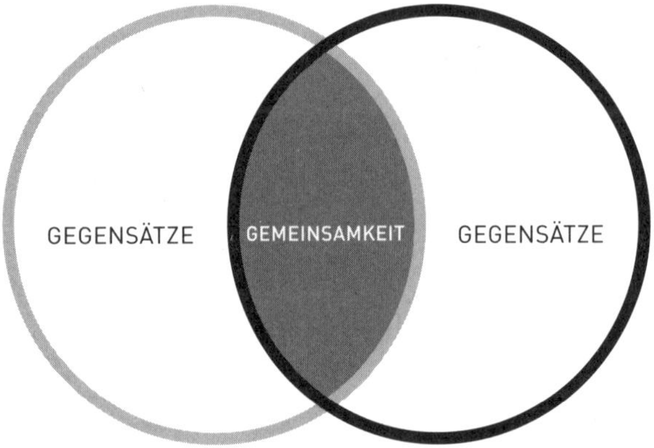

Abhängigkeit als gemeinsame Schnittmenge

Bei allen Gegensätzen gibt es immer eine Schnittmenge der Gemeinsamkeiten, also die Abhängigkeit.

Die Lösung von Konflikten ist relativ einfach, wenn beide Seiten ähnliche Wertesysteme haben, beispielsweise ein gemeinsames Verständnis von Fairness und Kooperation. Wenn beide Parteien möchten, dass es eine einvernehmliche, kooperative Vereinbarung gibt, dann sollen alle gleichermaßen gewinnen, die sogenannte Win-win-Vereinbarung – der Idealzustand im Harvard-Konzept.

Selbst wenn es unterschiedliche Wertesysteme gibt, überwinden sich Verhandlungspartner zu einer Lösung, wenn die Nichteinigung erhebliche Nachteile mit sich bringen würde – nicht aus tiefer Überzeugung, sondern einfach aufgrund der Angst vor einer Nichteinigung. Die gegenseitige Abhängigkeit zwingt beide Parteien an den Verhandlungstisch, um zu einer Lösung zu kommen.

Gefährlich wird es, wenn die Einschätzung der gegenseitigen Abhängigkeit unterschiedlich ist – wenn also eine Partei zu der Einschätzung kommt, in einer stärkeren und mächtigeren Position zu sein, und sich weniger abhängig vom Gegenüber sieht. Diese scheinbar starke Partei verhandelt mit Machtmitteln, und das Ziel ist ganz klar die Niederlage der Gegenseite. Die sieht das meist anders und bringt eigene Machtmittel ein. Das Fazit: Die Verhandlung endet in einem Machtkampf. Interessant ist dabei, dass beide Parteien die moralische Rechtfertigung für einen Machtkampf in Anspruch nehmen, auch wenn diese noch so irrwitzig und abwegig erscheint.

Die scheinbar überlegene Verhandlungspartei zeigt Dominanz und möchte einen schnellen Sieg – sie möchte die Niederlage des Gegenübers. Macht und Ohnmacht lösen Gefühle aus, die Verhandlung verlässt die rationale Bühne, die Emotionen übernehmen das Geschehen. Gefühle wie Demütigung und Rache führen zu einer Eskalation in Verhandlungen: Missverständnisse nehmen zu, der Informationsaustausch wird unterbrochen. Man verhandelt nicht mehr miteinander, man spricht und urteilt übereinander. In Extremsituationen führt diese Eskalation zu Gewalt, Krieg und Vernichtung.

Beispiel: Ein sehr prägendes Beispiel war die Verhandlung zur Beendigung der Kubakrise. Der amerikanische Präsident John F. Kennedy suchte während der Eskalation nach Auswegen. Er hatte erkannt, dass es viele Missverständnisse mit der Sowjetunion und keinen Austausch von Informationen mehr gab. Das eigene Militär wollte eine militärische Lösung und den Einsatz von Atomwaffen, sie sahen die Kubakrise als Möglichkeit zur Rache nach dem Mauerbau in Berlin. Die Vernichtung der Sowjetunion war das Ziel der Militärs, die eigene Vernichtung durch sowjetische Atombomben war einkalkuliert. Es gibt darüber einen sehr empfehlenswerten Film: *Thirteen Days* zeigt die Verhandlungen, bei denen es darum ging, die totale Eskalation abzuwenden.

In schwierigen Verhandlungen gibt es die totale Abhängigkeit, es gibt keine Alternative. Es gibt auch keine BATNA, also keine »Best Alternative To a Negotiated Agreement« – es gibt nur diesen einen, sehr schwierigen Verhandlungspartner. Es existiert hingegen die – meist nur theoretische – Möglichkeit des Abbruchs der Verhandlung: Wenn die sogenannte »Walk-away-Position« nicht erreicht wird, ist der Abbruch der Verhandlung die Alternative.

Was in diesem Fall oft nicht oder zu wenig gesehen wird: Ein Abbruch hat meist weitreichende Konsequenzen, da die gegenseitige Abhängigkeit weiter bestehen bleibt. Während der Kubakrise gab es keine Alternative, und auch bei Geiselnahmen gibt es keine Alternative – es gibt nur diesen einen schwierigen Verhandlungspartner.

Sachgerecht-rationales Verhandeln nach dem Harvard-Konzept

Beim sachgerecht-rationalen Verhandeln besteht das strategische Ziel darin, ein Verhandlungsergebnis zu erreichen, bei dem alle beteiligten Parteien gewinnen – die Win-win-Situation. Dieses strategische und theoretische Modell wird auch als tatsachen- beziehungsweise ergebnisorientiertes Verhandeln bezeichnet.

Die Professoren Roger Fisher, William Ury und Bruce Patton haben an der amerikanischen Harvard-Universität das sogenannte Harvard-Konzept entwickelt. Das dazugehörige Buch *Getting to Yes* ist ein weltweiter Bestseller. Das Konzept bezieht sich auf das »Harvard Negotiation Project«, das Teil des »Program on Negotiation« der Harvard Law School ist.

Bei einer Verhandlung wird grundsätzlich zwischen hartem und weichem Verhandeln unterschieden. Ersteres stellt das Durchsetzen der eigenen Ziele und damit den Erfolg in den Vordergrund. Im Gegensatz dazu ist die weiche Verhandlungstaktik auf die persönliche Beziehung zum Gegenüber bedacht und versucht, diese durch Zugeständnisse zu schützen. Das Harvard-Konzept verbindet den harten und den weichen Ansatz miteinander und entscheidet sich bewusst gegen die Trennung der beiden Aspekte. Diese Vorgehensweise konzentriert sich nicht auf das Beharren von Standpunkten und schützt somit die Beziehung zum Gegenüber. Vielmehr legt es den Fokus auf das Analysieren der grundlegenden Interessen der Verhandlungspartner.

Das Harvard-Konzept wird im Wesentlichen durch vier Grundsätze gekennzeichnet:

- Fokus auf Interessen, nicht Positionen,
- Trennung von Person und Sache,

- Entwicklung von Optionen, die für beide Seiten gewinnbringend sind,
- Bestehen auf objektiven Kriterien.

Diese vier Prinzipien stelle ich auf den folgenden Seiten ausführlich vor und vergleiche sie mit dem Schranner-Konzept.

Fokus auf Interessen, nicht Positionen

Der Grund für Verhandlungen liegt in unterschiedlichen Interessen mehrerer Parteien begründet. Diese stellen jedoch oftmals ihre jeweiligen Positionen in den Vordergrund. Deshalb ist es notwendig, dass Sie sich den Unterschied von Interessen und Positionen bewusst machen, weil dieser ausschlaggebend für das Ergebnis einer Verhandlung ist: Positionen werden nach dem Harvard-Konzept als bewusste Entscheidungen charakterisiert, die nicht verhandelbar sind. Dagegen stellen Interessen die ursprünglichen Beweggründe einer Entscheidung dar. Richtig schwierig werden Verhandlungen, wenn das Gegenüber eigene Interessen hat, aber keine Position bezieht.

Wer bekommt die Orange?

Bekannt ist das bereits angeführte Beispiel der beiden Mädchen, die mit ihrer Mutter um eine Orange verhandeln. Dieses Beispiel erläutert, dass der bloße Austausch von Forderungen für beide Verhandlungspartner im Endergebnis nicht befriedigend ist – »Ich will die Orange!« –, weil es in einem Kompromiss mündet. Das positionsbezogene Verhandeln lässt keinen Raum für den Blick hinter die Aussagen und verhindert dadurch die Auseinandersetzung mit den eigentlichen Interessen. Die Auseinandersetzung mit den grundsätzlichen Interessen ermöglicht das Eingehen auf die individuellen Bedürfnisse und erreicht eine zufriedenstellende Lösung für beide. Außerdem ist der Pluralismus gemeinsamer Interessen wahrscheinlicher als die Einzahl der gegensätzlichen Standpunkte.

Um in der Praxis den Standpunkt des Verhandlungspartners zu verstehen, ist das Analysieren der Interessen mit »Warum?« oder »Warum nicht?« nützlich. Damit soll nicht die Meinung der Gegenseite akzeptiert, sondern es sollen ihre Beweggründe verstanden werden, um den Abschluss einer Win-win-Lösung zu erzielen.

Wichtig sind also nicht so sehr die (Rechts-)Positionen, sondern die tiefer liegenden Interessen der Parteien. Die Zukunft steht im Vordergrund, weniger die (rechtliche) Zurechnung oder Verwerflichkeit eines Verhaltens in der Vergangenheit. Verhandlungen konzentrieren sich also ganz klar auf die Interessen.

Dieses Prinzip aus dem Harvard-Konzept unterstütze auch ich, denn es ist wichtig:

- um die echten Motive zu analysieren,
- um die Vergangenheit nicht zu thematisieren, sondern die Zukunft zu verhandeln,
- um Vorwürfe und Anschuldigungen zu unterlassen.

Kritisch sehe ich jedoch die Warum-Frage in Verhandlungen. Diese Frage ist meist vergangenheitsorientiert und versucht die Schuldfrage zu klären. Dadurch werden Emotionen frei, die vermieden werden sollten.

Trennung von Person und Sache

Die Verhandlungspartner wollen ihre sachlichen Interessen sowie die Wahrung ihrer gegenseitigen Beziehung zufriedenstellen. Um diese beiden Grundinteressen zu wahren, ist es notwendig, den eigentlichen Gegenstand der Verhandlung getrennt vom Verhandlungspartner zu betrachten.

Als Leitfaden des Harvard-Konzepts gilt: hart in der Sache, weich im Ton. Gemeint ist damit auf der einen Seite das beständige Auseinandersetzen mit der Sachebene und damit die durchaus konsequente Verfolgung der eigenen Interessen. Auf der anderen Seite steht der Verhandlungspartner als Individuum im Vordergrund.

Es braucht Empathie, ein hohes Maß an Einfühlungsvermögen, um in der Lage zu sein, die Emotionen der Gegenseite zu deuten und auftretende Missverständnisse zu vermeiden.

Das erreichen beide Parteien durch aktives Zuhören und Hinterfragen. Eine gute Beziehung zur Gegenseite ist elementar, deshalb werden Verfahrens- und Sachfragen von der Person des Verhandlungspartners getrennt.

Die Trennung von Person und Sache ist sehr amerikanisch. Verhandlungen werden in den USA tatsächlich knallhart geführt – nach der Verhandlung geht man jedoch gemeinsam zum Dinner und pflegt die Beziehung. Es ist ähnlich wie beim Sport: Man kämpft hart und fair um den Sieg, aber nach dem Spiel umarmt man sich und geht gemeinsam zum Essen. In den meisten europäischen Ländern funktioniert das so nicht. In den deutschsprachigen Ländern werden Verhandlungen stark mit der Person verbunden, »man nimmt es persönlich«. Wer zu einem Verhandlungspartner eine gute Beziehung hat, verhandelt nicht mehr hart – die gute Beziehung schließt eine harte Verhandlung in der Sache aus.

Die amerikanische Art der Verhandlungsführung wird gerade von deutschsprachigen Managern meist völlig falsch eingeschätzt. Man glaubt, die amerikanische Kultur ist der deutschen Kultur ähnlich. Das ist sie aber nicht, denn es gibt folgende Besonderheiten:

- Amerikanische Verhandlungspartner verhandeln in der Sache hart, obwohl man eine gute Beziehung hat. Aus deutscher Sicht sind »die« Amerikaner »oberflächlich«.
- Der Sieg in einer Verhandlung ist nicht verwerflich, er wird sogar angestrebt. Amerikanische Sportarten kennen kein Unentschieden – es muss einen Sieger geben und damit auch einen Verlierer.
- Die Wortwahl der Verhandlung kommt meist aus dem Sport. Bezeichnungen wie »ballpark figure« oder »home run« sind sehr gebräuchlich.
- »Langfristig« hat eine andere Bedeutung: In den USA sind Unternehmensziele meist mit Quartalen verbunden, eine

»langfristige« Lösung ist somit in vielen Fällen das nächste Quartal.

- »Political correctness« hat ebenfalls eine andere Bedeutung als in Europa. Humor und Komplimente sind immer fehl am Platz.
- »Sometimes you win, sometimes you lose«: In den USA scheut sich niemand, neue und hohe Forderungen in die Verhandlungen einzubringen. So hat man es zumindest versucht. Sollte man scheitern, ist es keine Niederlage und keine Blamage. Manager aus dem deutschen Kulturraum bringen keine überzogene Forderung ein, denn sie haben Angst, »unseriös« zu wirken.

Das Schranner-Konzept widerspricht in dieser Hinsicht dem Harvard-Konzept. Denn dieses funktioniert gut in den USA, nicht jedoch außerhalb der amerikanischen Grenzen. Im deutschsprachigen Raum gilt es meist, »das Verhalten von der Person zu trennen«. Das bedeutet, dass man das Gegenüber auch dann respektvoll behandelt, wenn es beispielsweise emotional und ausfällig geworden ist. Das Harvard-Konzept meint jedoch die Sache der Verhandlung, nicht eine emotionale Überreaktion.

Entwicklung von Optionen, die für beide Seiten gewinnbringend sind

Um gemeinsam eine optimale Problemlösung zu erzielen, ist es während der Verhandlungsvorbereitung von Vorteil, unterschiedliche Entscheidungsmöglichkeiten zu entwickeln.

Wichtig ist dabei, die Optionen erst später zu bewerten, weil dies sonst die Suche nach Alternativen behindert. Es bedarf keines Beharrens auf der als richtig angenommenen Lösung, sondern der Suche nach akzeptablen Möglichkeiten für beide Parteien. Beim Orangen-Beispiel hätte es zunächst eine genaue Analyse der einzelnen Interessen und der daraus resultierenden Optionen geben müssen, um nicht zu dem unbefriedigenden Kompromiss für beide Parteien zu gelangen.

Gemeinsam entwickelte, interessenorientierte, beiderseits vorteilhafte und dauerhaft tragfähige Ergebnisse sind das Ziel. Gegenseitiges Vertrauen ist ein erstrebenswertes Ziel auf dem Weg zu einem Ergebnis.

Diese Optionen strebe ich mit dem Schranner-Konzept ebenfalls an und stimme insofern mit den Prinzipien von Harvard überein.

Bestehen auf objektiven Kriterien

In einer Verhandlung ist es nützlich, sich auf gesetzliche Regelungen zu beziehen. Da sie unabhängig vom Willen beider Parteien sind, gibt ihre Verwendung das Gefühl von Fairness und dem Nichtvorhandensein von Willkür.

Wichtig ist der Fokus auf objektive Beurteilungskriterien, beispielsweise gesetzliche Regelungen oder ethische Normen, bei deren Einhaltung das Ziel eine Übereinkunft ist, die folgenden Anforderungen genügt:

- Die gute Beziehung der Parteien bleibt erhalten.
- Beide Seiten nehmen mit, was sie brauchen. Und wenn beide das Gleiche brauchen, teilen sie es fair, zum Beispiel nach dem »Einer-teilt-einer-wählt«-Prinzip.
- Es wird nicht auf Positionen beharrt, sondern zeitintensiv verhandelt.

Bei diesem Prinzip widerspreche ich dem Harvard-Konzept. Denn in schwierigen Verhandlungen gibt es zwar objektive

Beurteilungskriterien, diese sind aber für eine mögliche Lösung nicht hilfreich. Es ist sogar schädlich, auf objektiven Kriterien zu bestehen, da ein objektives Kriterium immer auch die eigene Wahrheit einschließt.

Mit Blick auf das vorige Beispiel eines Chemiekonzerns kann man zwar feststellen, dass es beispielsweise ein US-Recht auf Intellectual Property (IP) gibt. Man stellt jedoch weiterhin fest, dass es auch in China ein Recht darauf gibt. Die objektiven Kriterien sind gesetzt und von beiden Seiten anerkannt – und dennoch ist man meilenweit von einer Lösung entfernt.

Es zeigt sich sehr deutlich, dass Juristen und andere rational denkende Menschen das Harvard-Konzept entworfen haben: Dieses Prinzip, auf objektiven Kriterien zu bestehen, funktioniert sicher in den USA, wenn bei Verhandlungen Juristen involviert sind, jedoch nicht anderswo mit emotionalen und gestressten Verhandlungspartnern. In internationalen Verhandlungen gibt es oft keine objektiven Kriterien, kein für alle geltendes, alle gleichermaßen bindendes Recht.

Prinzip der besten Alternative

BATNA (»Best Alternative To a Negotiated Agreement«), das Prinzip der »besten Alternative«, sieht die Notwendigkeit vor, dass ein Verhandlungspartner sich von Anfang an mit weiteren Möglichkeiten seiner Interessenbefriedigung auseinandersetzt. Im Anschluss wählt er die attraktivste Option aus.

Diese Alternative dient während der Verhandlung dem Vergleich mit möglichen Übereinkommen. Sie schützt vor unbedachten Entscheidungen und schafft eine gewisse Unabhängigkeit gegenüber dem Verhandlungspartner. In schwierigen Verhandlungen gibt es keine echte Alternative, es gibt die gegenseitige Abhängigkeit.

Zwei Verhandlungskonzepte im Praxisvergleich

Das Harvard-Konzept ist unbestritten ein wegweisendes und wichtiges Konzept zur Erreichung von sehr guten Verhandlungsergebnissen. Aufgrund meiner Erfahrung hat dieses Konzept neben vielen Vorteilen drei Nachteile:

- Das Konzept wurde 1981 veröffentlicht. Die aktualisierte Version nutzt teilweise neue Beispiele, die Prinzipien bleiben jedoch gleich. Doch die Welt hat sich seit 1981 dramatisch verändert.
- Das Konzept basiert auf Studien und Erfahrungen in den USA. Das amerikanische Verständnis von Verhandlungen ist jedoch nicht eins zu eins auf Europa oder Asien übertragbar, da bestimmte Prinzipien wie Trennung zwischen Person und Sache in anderen Kulturen nicht anwendbar sind.
- Es ist eine Theorie. Das Konzept setzt von beiden Seiten den Willen zu einer Win-win-Vereinbarung voraus. Das mag in manchen Verhandlungen möglich sein, doch in schwierigen Verhandlungen gibt es diesen Willen nicht. Das Konzept ist an der Harvard Law School entwickelt worden, offensichtlich von rational denkenden und handelnden Menschen.

HARVARD KONZEPT		SCHRANNER KONZEPT
Verhandlungen, in denen beide Parteien eine Einigung möchten, Alternativen besitzen und win-win-orientiert denken		Schwierige Verhandlungen
Vorbereitung: Analyse des Gegenübers	VS.	Vorbereitung: keine Analyse des Gegenübers
Konzentration auf Interessen (Frage: Warum?)		Verhandlungsleitfaden, Playbook (Nie fragen: Warum?)
Win-win		Win
USA		International
Rational		Rational und emotional
Theorie		Praxis

Gemeinsamkeiten und Unterschiede des Harvard- und Schranner-Konzepts

Zusammenfassend kann ich festhalten, dass das Harvard- und das Schranner-Konzept sehr große Übereinstimmung bei zwei Punkten aufweisen:

- Fokus auf Interessen, nicht auf Positionen,
- Entwicklung von Optionen, die für beide Seiten gewinnbringend sind.

Ich widerspreche dem Harvard-Konzept allerdings bei den folgenden Aspekten:

- Trennung von Person und Sache,
- Bestehen auf objektiven Kriterien.

Wann aber sollten Sie à la Harvard und wann à la Schranner in Verhandlungen gehen? Dafür gibt es einige klare Kriterien. Sie sollten nach den Prinzipien von Harvard verhandeln, wenn …

- eine der Verhandlungsparteien aus dem amerikanischen Kulturraum kommt,
- alle beteiligten Parteien Alternativen besitzen,
- alle beteiligten Parteien rational denken und handeln,
- alle beteiligten Parteien ein gemeinsames Verständnis von Kooperation haben,
- alle beteiligten Parteien möchten, dass alle gleichermaßen gewinnen und eine Win-win-Vereinbarung erreicht werden soll.

Sie sollten mit dem Schranner-Konzept verhandeln, wenn ...

- eine Verhandlungspartei einseitig gewinnen möchte,
- eine der beteiligten Parteien global denkt,
- die beteiligten Personen emotional sind,
- Sie mit irrationalen Forderungen konfrontiert werden,
- Sie keine echte Alternative zur Verfügung haben.

Wenn Ihr Verhandlungspartner nach dem Harvard-Konzept verhandelt, sollten Sie ebenfalls nach diesem verhandeln. Beide Seiten sind dann an einer Win-win-Lösung interessiert, es gibt Vertrauen und den Willen zu einer Kooperation. Wenn Ihr Gegenüber aber nicht dem Harvard-Konzept folgt, sollten Sie das Schranner-Konzept für sich nutzen.

PRINZIP 2

Der Einstieg in Verhandlungen: Die Krise zu Beginn herbeiführen

»Peace is not absence of conflict, it is the ability to handle conflict by peaceful means.«

Ronald Reagan

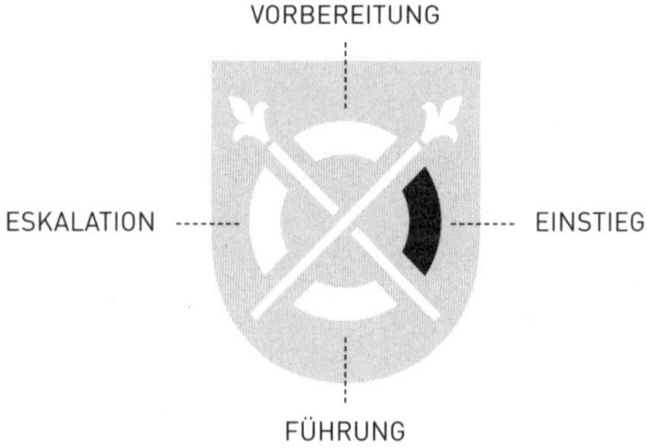

Konflikte ansprechen

Um Probleme lösen zu können, müssen sie zunächst einmal angesprochen werden. Doch im Business ebenso wie in der Politik beginnt eine Verhandlung meist konfliktarm: Probleme werden beiseitegeschoben. In der Verhandlungssprache wird dieses Vorgehen »low hanging fruits« genannt: Man sammelt eben niedrig hängende Früchte ein, behandelt einfache Themen und lässt schwierige außen vor. Erst nach langen Verhandlungen kommt es zum Showdown: Alle Beteiligten sind wegen der langen und anstrengenden Verhandlungen müde und werden emotional, die Lösungsfindung will nicht vorankommen. Die »low hanging fruits« sind eingesammelt, und jetzt, da die schwierigen Themen auf den Tisch kommen, hat man keinen Spielraum mehr. Es geht nur noch um »take it or leave it«. Die Verhandlung endet in der Sackgasse.

Bei einfachen Business-Verhandlungen gibt es genug Optionen, man hat es mit rationalen Verhandlungspartnern zu tun, und es entstehen keine negativen Emotionen. Zudem haben beide Seiten den Willen zu einer Win-win-Einigung. Doch diese einfachen Verhandlungen interessieren mich weniger, sie sind nicht Kernkompetenz unseres Instituts. Wir begleiten ausschließlich schwierige Verhandlungen im Business oder in der Politik, die am Ende in eine Sackgasse – der englische Begriff »deadlock« passt noch besser – geraten sind.

Die Verhandlungsparteien wollten den ultimativen Konflikt vermeiden, und Probleme wurden nicht zu Beginn angesprochen. Zu Beginn eines Verhandlungsprozesses wäre eine Lösungsfindung noch sehr viel einfacher gewesen als jetzt in der Sackgasse. Das wichtigste Element der Verhandlung ist jedoch der Konflikt. Es gibt unterschiedliche Positionen, und man möchte von dieser eigenen Position nicht abrücken. Gleiches gilt für die Gegenseite.

Erstaunlich dabei ist, dass man jedoch davon ausgeht, dass die gegnerische Seite schon irgendwann von ihrer Position abrücken werde. In dieser – offensichtlich irrationalen – Annahme wird so lange verhandelt, bis die Verhandlung in eine Sackgasse gerät. Es wird dann, scheinbar überraschend, der ultimative Konflikt ausgerufen, und man steht hilflos vor einem Scherbenhaufen.

Beispiel: Bezeichnend für diese Art der Verhandlungen waren die Koalitionsverhandlungen in Deutschland zur Bildung einer neuen Bundesregierung (Jamaica). Die beteiligten Parteien stellten ihre jeweiligen Positionen öffentlichkeitswirksam dar und ließen keinen Willen zur Kooperation erkennen. Die Verhandlungen begannen, und während der Pausen wurde der Presse mitgeteilt, dass der eigene Standpunkt richtig und der Standpunkt der Gegenseite falsch sei. Die Gegenseite verstehe einfach nicht, dass der eigene Standpunkt die einzige Wahrheit zeige, und sie solle sich doch bitte nicht so anstellen und endlich der eigenen Position zustimmen.
So ging das einige Wochen, es gab Verhandlungspausen, während Politiker Vorträge über den Stand der Verhandlungen hielten. Man schien sogar eine Einigung zu scheuen, weil der Fokus der Öffentlichkeit auf diese Verhandlungen gelegt und so das Ego der politischen Akteure bedient wurde. Hätte es eine schnelle Einigung gegeben, wäre ja niemand mehr am eigenen Standpunkt und am eigenen Ego interessiert gewesen.
Viele Politiker verstanden schlichtweg nicht, dass diese Verhandlung kein Wahlkampf mehr war, sondern dass es um das Wohl des Landes ging. Die Erklärungen vor der Presse waren von Wahlkampfreden allerdings nicht zu unterscheiden. So wurde die Bühne der Verhandlung für die Fortsetzung des Wahlkampfs benutzt – welch eine Missachtung der grundsätzlichen Idee von Verhandlungen! Ich weiß nicht, wie es Ihnen bei diesem Schauspiel erging: Vielleicht dachten auch Sie, dass man die Zeit hätte besser nutzen können und diese Koalitionsverhandlungen professionell führen sollen.
Der größte Fehler war: Konfliktthemen wurden nicht angesprochen, »low hanging fruits« wurden behandelt und die echt heißen Themen geparkt bis zur berühmten »Nacht der langen Messer«. Diese Nacht war der Showdown – die Verhandlungsparteien setzten sich testosterongeladen an den Verhandlungstisch. Es ging nun darum, den Bürgern zu zeigen, wer am längsten durchhalten und die eigenen Interessen am besten durchsetzen kann. Doch die Ergebnisse dieser »Nacht der langen Messer« waren – wie fast immer in solchen Situ-

ationen – sehr ernüchternd: Entweder konnte die Sackgasse nicht aufgelöst werden, und der FDP-Parteichef verließ die Verhandlung, oder es gab irgendwelche Kompromisse wie zwischen CDU, CSU und SPD. Aber es gab keinen klaren Rahmen für die folgenden Regierungsjahre, sondern nur einen schlecht verhandelten und faulen Kompromiss.

Verhandlungstipp

An dieser Stelle ein kurzer Leitfaden für die nächsten Koalitionsverhandlungen:

- Wer eine Verhandlung beginnt, spricht ab der Sekunde des Beginns nur noch vom gemeinsamen Willen zu einer Lösungsfindung.
- Eigene Positionen werden nicht mehr dargestellt, nur noch der gemeinsame Wille.
- Wer Verhandlungen gemeinsam beginnt, muss auch gemeinsam aufhören.
- Während der Verhandlung sollten sich die Teams abschotten, zum Beispiel in Heiligendamm oder auf Schloss Elmau, wo man konzentriert und ohne Unterbrechungen verhandeln kann.
- Es gibt nur noch gemeinsame Presseerklärungen. Diese sind immer positiv formuliert und vom gemeinsamen Willen zur Einigung getragen.
- Kritische Punkte werden zu Beginn auf den Tisch gelegt nach dem Motto: »Put the fish on the table.«
- Es darf und muss gestritten werden, aber hinter verschlossenen Türen und nicht vor der Öffentlichkeit.
- Am Ende steigt weißer Rauch auf wie bei der Papstwahl, und das Ergebnis wird von allen Verhandlungsparteien gemeinsam präsentiert.
- Die Formulierung lautet: »Nach harten und fairen Verhandlungen haben wir uns darauf geeinigt, dass …«

- Selbst wenn es keine Einigung gibt, geben beide Parteien eine Presseerklärung heraus und bedanken sich bei allen Beteiligten für die offene und faire Verhandlungsführung: »Man habe gemeinsam entschieden, dass man nicht in die Koalition eintreten möchte und Neuwahlen ausgerufen werden sollen.«

Ich habe mir die Frage gestellt, wieso die Verhandlungsführer von Polizei, FBI oder New York Police Department (NYPD) in ihren Verhandlungen so erfolgreich sind. Die Antwort: Sie fürchten keine Sackgasse! Denn für Verhandlungsführer einer Spezialeinheit der Polizei ist die Sackgasse der Normalfall bei einer Verhandlung – sie ist immer schon da, wenn man ankommt. Es ist nicht die Ausnahmesituation, sondern die tägliche Realität.

Chancen von Konflikten

Wer die Regeln und vor allem die Notwendigkeit einer Sackgasse kennt, kann sie bewusst herbeiführen und zum eigenen Verhandlungserfolg nutzen. An unserem Institut haben wir deshalb vor einigen Jahren damit begonnen, in Business-Verhandlungen die Sackgasse nicht abzuwarten, sondern am Anfang bewusst herbeizuführen.

Die Ergebnisse waren sehr interessant und überraschend. Wir hatten nicht gedacht, dass viele Unternehmen keinerlei Konzept für diese Situationen hatten. Verhandlungsteams aus deutschsprachigen Ländern fühlten sich überrumpelt und gingen argumentativ dagegen vor. Verhandlungsteams aus den USA oder China fanden diesen Zugang sehr professionell und bewerteten diesen Prozess positiv – weil eben keine Rechthaberei und Überzeugungsarbeit im Wege stand, sondern man sofort mit der Verhandlung loslegen konnte.

Der Einstieg in die Verhandlung mit einem Konflikt bietet einige Vorteile:

- Sie zwingt zu einer Auseinandersetzung mit den echten Inhalten.
- Rechthaberei bringt niemanden weiter: Man ist gezwungen, andere Optionen in Betracht zu ziehen.
- Bei den Verhandlungsführern trennt sich die Spreu vom Weizen: Man merkt sehr deutlich, wer verhandeln kann und wer überfordert ist.
- Echte Entscheidungen werden getroffen, weil sie sofort umsetzbar und messbar sind. »Schwätzer« werden entlarvt.
- Man kommt in kurzer Zeit zu einem Ergebnis: Einigung oder Nichteinigung. Man weiß, wo man steht.
- Wer die Sackgasse richtig steuert, schafft eine gesichtswahrende Lösung für alle Beteiligten.
- Aus einer intensiven, echten Auseinandersetzung entstehen langfristige und vertrauensvolle Beziehungen, die auch unter Druck Bestand haben.
- Wer einmal mit Verhandlungspartnern »durch das Feuer gelaufen« ist, baut echtes Vertrauen auf: »Auf die kann ich mich verlassen.«

Nachteile von Konflikten

Der Einstieg in die Verhandlung mit einem Konflikt kann allerdings zwei große Nachteile haben:

- Wer falsch und respektlos kommuniziert, wird eine Reaktanz auslösen.
- Wer bei einer guten und vertrauensvollen Partnerschaft

mit einer Sackgasse in die Verhandlung einsteigt, kann die Beziehung beschädigen.

Der erste Nachteil: Eine Reaktanz ist eine emotionale Überreaktion des Gegenübers – es wird eine irrationale Gegenwehr ausgelöst. »Reaktanz beschreibt die Reaktionen von Personen, wenn ihre Handlungs- oder Entscheidungsfreiheit bedroht ist. Es handelt sich um eine motivationale Erregung mit dem Ziel, die bedrohte Freiheit wiederherzustellen. Freiheit bedeutet hier die Möglichkeit, zwischen Alternativen wählen oder eine Handlung ausführen zu können.«

Beispiel: Ich hatte spätabends einen Anruf eines wichtigen Kunden: Ein Einkaufsleiter eines Automobilkonzerns wollte unbedingt mit mir reden, er hatte ein echtes Problem. Voller Tatendrang und ausgerüstet mit der neuen Schranner-Philosophie, war er mit einem Konflikt in eine Verhandlung eingestiegen. Das Gegenüber war der Gründer und Inhaber einer mittelständischen Firma, 65 Jahre alt und sehr erfolgreich.

Der Einkaufsleiter hatte eine klare Forderung gestellt, dabei aber wohl den erwarteten Respekt vermissen lassen und sich im Ton vergriffen. Der Inhaber fand das gar nicht gut und begann seine Antwort so: »Junger Mann …« Spätestens zu diesem Zeitpunkt hätten alle Warnlampen angehen müssen.

»Junger Mann, wissen Sie, warum ich mich vor 40 Jahren selbstständig gemacht habe?« Der Einkaufsleiter verneinte. Der Inhaber schob hinterher: »Damit ich mich frei entscheiden kann. Ich werde deshalb ab morgen die Lieferung einstellen.« Das ist eine typische Reaktanz, fernab von Rationalität und sogar sich selbst schädigend – aber eben auch sehr häufig, wenn Forderungen respektlos gestellt werden.

Der Einkaufsleiter hatte natürlich keinen zweiten, qualifizierten Lieferanten für den Großauftrag in der Hinterhand und musste eine Lösung finden. Ihm bliebt nichts anderes übrig, als sofort Kontakt zu dem Lieferanten aufzunehmen, sich für die respektlose Herangehensweise zu entschuldigen und wieder in die Verhandlung einzusteigen.

Verhandlungen scheitern nicht, weil eine zu hohe Forderung gestellt wurde. Verhandlungen scheitern, weil respektlos kommuniziert wurde.

Ein zweiter Nachteil von Sackgassen ist die Gefahr, die Beziehung zu beschädigen. Ich behaupte, dass es in Partnerschaften mit gegenseitigem Vertrauen keine schwierigen Verhandlungen geben kann. Wer wirklich vertraut, wird die eigenen Motive und Interessen ansprechen und mit hoher Kooperationsbereitschaft eine Lösung finden. Wenn das Gegenüber die gleiche Einstellung und das gleiche Vertrauen hat, wird es tatsächlich zu einer echten Win-win-Einigung kommen. Im Umkehrschluss bedeutet das, dass eine Sackgasse immer ein Zeichen von fehlendem Vertrauen ist.

Ich habe die Erfahrung gemacht, dass die meisten Verhandlungsführer die Beziehung zur Gegenseite komplett überschätzen. Ja, man vertraut sich und man möchte, dass es der Gegenseite gut geht, das steht außer Frage. In einem echten Konflikt, also dem Grundelement der Verhandlung, muss man sich entscheiden, ob die Zielerreichung oder die Beziehung zur Gegenseite wichtiger ist. Wenn Ihnen die Beziehung besonders wichtig ist, dann rücken Sie von Ihrem Ziel ab, Sie geben nach oder bieten einen Kompromiss an – denn Sie möchten auf gar keinen Fall die Beziehung beschädigen. Wenn Ihnen hingegen das Ziel wichtiger ist, müssen Sie die – zumindest kurzzeitige – Störung der Beziehung in Kauf nehmen. Sie können nicht beides haben, Sie müssen sich entscheiden.

Taktiken für den Einstieg

Ich hoffe, Sie stimmen mir zu, *warum* es einen Konflikt gleich am Anfang einer Verhandlung braucht. In diesem Abschnitt möchte ich Ihnen zeigen, *wie* man diesen Konflikt herbeiführt.

Das bewusste Herbeiführen eines Konflikts zu Verhandlungsbeginn ist an bestimmte Gesetzmäßigkeiten gebunden. Man darf die Reihenfolge nicht verändern und kein Element weglassen. Es gibt in Verhandlungen Strategien und Taktiken, über die man diskutieren kann – doch über diese Vorgehensweise kann man nicht diskutieren. Hier sind schlichtweg keine Fehler erlaubt. Denn wer in einem Konflikt – die Nerven sind angespannt, Karrieren sind bedroht, langfristige Schäden können entstehen – einen Fehler begeht, zerstört die komplette Verhandlung.

Viele dieser Taktiken stammen aus den Handbüchern der Polizei, die über Jahrzehnte weiterentwickelt worden sind. Es ist Praxis pur, keine Theorie, keine Studie einer Universität – gelernt, erprobt und bestätigt auf der Straße.

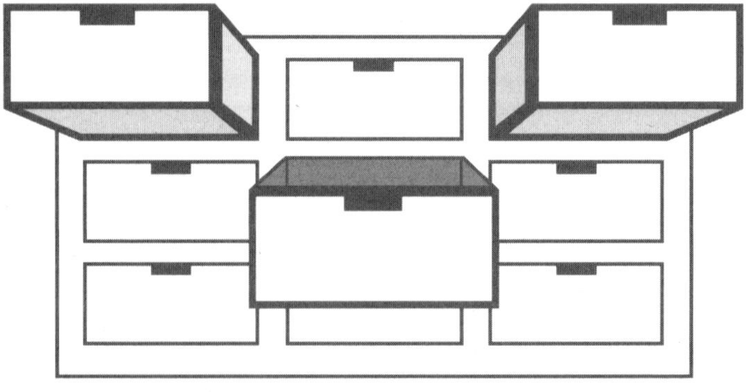

Sie brauchen eine Toolbox, um zum richtigen Zeitpunkt die richtige Taktik nutzen zu können.

Positiver Einstieg

Gerade bei schwierigen Verhandlungspartnern und unsympathischen Menschen ist es wichtig, weiter im »Play to win«-Modus zu bleiben. Sprich: Sie denken, reden, bleiben positiv, immer. Sie müssen Ihren Verhandlungspartner nicht mögen, Sie müssen ihn respektieren.

Lob

Die beste Taktik für positives Denken ist das Loben des Gegenübers: Loben Sie eine konkrete Handlung wie die detaillierte Vorbereitung oder eine besonders große Offenheit während der Verhandlung. Vermeiden sollten Sie Allgemeinplätze, denn die wirken plump und aufgesetzt und zerstören die Beziehung zueinander.

Einem Lob kann man sich nicht entziehen, es wirkt immer. Es gibt dabei eine einfache Regel: Je unsympathischer Ihr Gegenüber, desto mehr sollten Sie loben.

Gemeinsamkeiten

Das Betonen von Gemeinsamkeiten ist die einfachste Taktik. Wichtig ist dabei, dass Sie das Wort »wir« klären.

Wen genau meinen Sie mit »wir«? Ist es Ihr Unternehmen und Ihr Verhandlungsteam? Oder ist es Ihr Team *und* das gegnerische Team? Sagen Sie deshalb immer »wir gemeinsam« – und es passt in jeder Situation.

Dominanz reduzieren

Es gibt unheimlich viele dominante Verhandlungspartner, die von sich glauben, überhaupt nicht dominant zu sein. Es kommt jedoch nie darauf an, was Sie über sich denken – entscheidend ist, was Ihr Gegenüber über Sie denkt.

Wer sich Ihrer Dominanz ausgesetzt fühlt, verhandelt nicht offen mit Ihnen beziehungsweise gegen Sie. Die Verhandlung wird verlagert, es wird hinter Ihrem Rücken weiterverhandelt. Sollten Sie schon einmal bemerkt haben, dass eine Verhandlung hinter Ihrem Rücken läuft, können Sie das auf Ihre Dominanz zurückführen.

Die eigene Dominanz können Sie durch das bewusste Sprechen über eigene Schwächen reduzieren: »Heute habe ich schon gegen meine Tochter verloren. Ich hoffe, Sie gehen nicht so hart gegen mich vor.«

Verhandlungstipp

Loben Sie Ihren Verhandlungspartner für eine konkrete Handlung, zum Beispiel: »Vielen Dank für die detaillierte Vorbereitung des Rahmenabkommens für Indien. Beeindruckend, wie Sie das in der kurzen Zeit ausarbeiten konnten. Das hilft uns allen für eine bessere Bewertung.«

Loben Sie keine persönlichen Dinge wie Kleidung, Auftreten oder Erfahrung.

Sprechen Sie immer von Gemeinsamkeiten, und verbinden Sie das Wort »wir« mit »gemeinsam«, sodass es immer »wir gemeinsam« heißt. Sonst könnte man glauben, »wir« steht für Ihr Team oder Ihr Unternehmen. Sagen Sie beispielsweise: »Vielen Dank nochmals für diese kooperative und offene Herangehensweise. Das hilft uns allen, damit wir gemeinsam eine Lösung für beide Parteien entwickeln können.«

Reduzieren Sie Ihre eigene Dominanz, indem Sie sich kleiner machen, als Sie eigentlich sind. Halten Sie Ihr Ego zurück, und lassen Sie das Gegenüber glänzen.

Rahmen setzen

Diese Taktik wird von den meisten Verhandlungsführern komplett unterschätzt. Ein Rahmen der Verhandlung ist keine organisatorische Aufgabe, sondern ein wichtiges Element, um die Führung zu übernehmen.

- *Agenda:* Grenzen Sie zu Beginn der Verhandlung ab, was genau Sie verhandeln möchten – und was nicht. Fassen Sie dies in Form einer Agenda zusammen.
- *Zeitrahmen:* Setzen Sie dabei immer einen Zeitrahmen, den Sie jederzeit verkürzen oder verlängern können.
- *Topics:* Nehmen Sie immer drei Themenschwerpunkte für die Agenda. Das sind genug, um ausreichend Verhandlungsspielraum aufzubauen – und so wenige, dass Sie nicht den Überblick verlieren können.

Sie könnten beispielsweise sagen: »Nochmals herzlichen Dank für die Bereitschaft, gemeinsam mit uns heute zielführend eine gemeinsame Lösung zu finden. Wir glauben fest an eine langfristige und kooperative Partnerschaft und sind mit dem Willen einer Lösungsfindung an den Verhandlungstisch gekommen. Wir sollten heute gemeinsam drei Punkte klären: erstens Laufzeit des Vertrags, zweitens juristische Klärung, drittens kommerzielle Klärung. Wir haben uns zwei Stunden dafür eingetragen und freuen uns sehr auf den kooperativen Austausch mit Ihnen.«

Verhandlungstipp

Jede Verhandlung braucht einen klaren Rahmen:

- *Agenda:* Was wird besprochen, was nicht?
- *Zeitrahmen:* Wann und wie lange soll verhandelt werden?
- *Drei Themen:* Welche wichtigen Punkte werden besprochen?

Sie setzen immer die Agenda – Sie akzeptieren nie die Agenda der Gegenseite! Sollte die Gegenseite auf deren Agenda bestehen, verhandeln Sie die Agenda. Sie können den Zeitrahmen und die Reihenfolge der Themen verhandeln.

Put the fish on the table

Es gibt in der internationalen Verhandlungsführung grundsätzlich zwei unterschiedliche Philosophien für den Einstieg: den vorher angesprochenen konfliktvermeidenden Einstieg mit »low hanging fruits«, den Sie bereits kennen, und alternativ »Put the fish on the table«. Dies bedeutet, dass Sie nach dem Setzen der Agenda einfach sagen, was Sie wollen.

Die Grundlage mit Lob oder Gemeinsamkeiten ist gesetzt, die Agenda bestätigt. Jetzt ist der Zeitpunkt, um den Konflikt zu eröffnen. Das Spiel beginnt.

- *Sagen Sie, was Sie wollen:* Eiern Sie nicht herum, vermeiden Sie Blabla. Sagen Sie ganz klar, was Sie wollen.
- *In einem Satz:* Sagen Sie, was Sie wollen, in nur einem einzigen Satz – ohne Begründung, ohne Ausschmückungen, ohne Verpackung mit Schleifchen.
- *Ohne Rechtfertigung:* Reden Sie sich nicht in eine Rechtfertigung hinein, und lassen Sie sich auch nicht in eine solche hineindrängen.

Nachdem Sie den Fisch auf den Tisch gelegt haben, können Sie sich zurücklehnen, Blickkontakt halten und den Konflikt genießen: Wie schön ist das denn, wenn alle Rahmendaten gesetzt sind und es endlich losgeht!

Verhandlungstipp
»Put the fish on the table!« Damit zeigen Sie der Gegenseite, dass Sie einen Konflikt verhandeln möchten und keine Angst vor einer Auseinandersetzung haben.

Notizen machen

Machen Sie sich Notizen – egal ob digital oder analog –, und zeigen Sie echtes Interesse an den Ausführungen des Gegenübers. Kommentieren dürfen Sie das, was Sie notieren, jedoch auf gar keinen Fall. Denn wenn Sie jetzt kommentieren, kommen Sie in eine rechtfertigende und defensive Position. Mitschreiben, aufmerksam sein, Klappe halten!

Sollten die Emotionen überkochen, können Sie jederzeit ein kurzes Time-out ansprechen. Man verlässt den Raum, lüftet durch, holt sich einen Kaffee und kommt wieder zurück. Bleiben Sie nie länger als 10 Minuten im Time-out, sonst verhärten sich die Fronten.

Verhandlungstipp
Schreiben Sie mit, kommentieren Sie nicht.

Als junger Polizeibeamter habe ich die Erfahrung gemacht, dass sich Leute immer dem Beamten zuwenden, der mitschreibt, unabhängig vom Alter oder von der Zahl der Sterne auf der Uniform. Beamte mit einem Stift in der Hand werden von den Bürgern als diejenigen wahrgenommen, die Interesse und Respekt zeigen.

Im Konjunktiv sprechen

Nachdem Sie den Fisch auf den Tisch gelegt haben und der Gegenseite klar signalisiert haben, dass Sie keine Angst haben, können Sie nun weich in der Sprache weiterverhandeln. Sie sollten deshalb eher im Konjunktiv sprechen: »Könnte es für Sie von Interesse sein …?« Oder: »Wäre das für uns beide eine gewinnbringende Idee, wenn wir …?«

Gerade in dieser Phase können deutschsprachige Verhandlungspartner von anderen Kulturen lernen – britische Partner sind hierbei wohl die besten weltweit. Es gibt aufgrund meiner Erfahrung keine andere Nation, die so fein mit Worten spielen kann. »Wouldn't it be possible to reconsider …« Oder: »Might it be an option for both parties to …« Herrlich, die Gegenseite wird zu einer Stellungnahme aufgefordert, ohne dass man sich selbst festlegt. Man fragt ja nur, ob die Gegenseite unter bestimmten Voraussetzungen geneigt wäre, darüber nachzudenken, ob man …

Eine meiner Lieblingsformulierungen ist: »An dieser Stelle würde ich mich selbst fragen wollen, ob …« Verhandlungspartner steigen sofort darauf ein und beginnen zu sprechen. Eigentlich komisch, weil ich ja nicht die Gegenseite gefragt habe, sondern mich selbst. Gut ist auch diese Formulierung: »Ich dächte, wir könnten gemeinsam eine neue Sichtweise definieren.« Das Wort »dächte« ist Konjunktiv II und wird selten benutzt – der Überraschungseffekt ist Ihnen garantiert.

Verhandlungstipp
Lernen Sie von anderen Kulturen, allen voran der britischen. Schauen Sie sich britische Filme an, und »inhalieren« Sie die Formulierungen. Diese können Sie in Verhandlungen gut gebrauchen.

Forderungen erhöhen

Da Sie nicht wissen können – und vor der Verhandlung auch nicht geraten haben –, was die Gegenseite will und welche Möglichkeiten es zur Kooperation gibt, brauchen Sie genug Spielraum für die Verhandlung.

- *Forderungskatalog bereithalten:* Den Forderungskatalog haben Sie während der Verhandlung dabei, damit Sie jederzeit in die Unterlagen sehen können. Denn unter Stress fallen Ihnen garantiert keine neuen Forderungen ein – da ist es gut, einen Spickzettel dabeizuhaben.
- *Rot, gelb, grün:* Die Priorisierung dient dazu, die eigenen Forderungen mit den Forderungen der Gegenseite abzuwägen. Wie wichtig sind Ihnen die jeweiligen Forderungen, welchen Wert haben diese, und welchen Wert würden Sie im Gegenzug bekommen?
- *Druck aushalten:* Das Abwägen, Testen, Zurückziehen, Vorpreschen, Zurücknehmen, Anbieten kann dauern, ist intensiv und erschöpfend. Eine gute Vorbereitung, körperliche Fitness und die Aufteilung im Team werden Ihnen dabei helfen, dem Druck standzuhalten.

Verhandlungstipp
Hören Sie bitte auf, mit Argumenten gegen die Gegenseite vorzugehen. Das Ziel der Verhandlung ist ja nicht, die Gegenseite zu überzeugen, sondern eine Lösung für einen Konflikt zu finden. Fordern Sie! Und argumentieren Sie nicht!

Zusammenfassung

Die Zusammenfassung erfolgt immer aus einer subjektiven Sichtweise, nicht aufgrund einer erkannten Wahrheit. Die passende Formulierung lautet: »Wenn ich es richtig sehe …« Oder: »Bitte helfen Sie mir, es auf einen gemeinsamen Nenner zu bringen …«

Sie beschreiben also eine erzielte Gemeinsamkeit aus Ihrer Perspektive. Wenn das Gegenüber diese akzeptiert, haben Sie einen Punkt gemacht. Wenn nicht, können Sie sich die andere Sichtweise erklären lassen und daraus weiterleiten.

Verhandlungstipp
Fassen Sie ständig zusammen, auch wenn es Ihnen selbst merkwürdig vorkommt. Halten Sie jede Zusammenfassung schriftlich fest, und projizieren Sie diese, wenn möglich, während einer Verhandlung, damit sie für alle sichtbar ist.
Sollten Sie mit unterschiedlichen Nationalitäten verhandeln und mit »Non-Native« – also Verhandlungspartnern, die nicht in ihrer Muttersprache sprechen –, können Sie auch die Gegenseite um eine Zusammenfassung bitten. So werden mögliche Missverständnisse von vornherein ausgeschlossen.

Mit Menschen verhandeln, nicht mit Geiselnehmern

Wahrscheinlich haben Sie eine bestimmte Vorstellung von Verhandlungen bei der Polizei: Da sitzen die knallharten Polizeibeamten und drohen dem Täter. Die Sprache ist gewaltbereit, die Pistole sitzt locker, und die eigene Frustration wird auf den Täter übertragen. Ist Ihnen schon aufgefallen, dass bei diesen Fernsehkrimis die Polizeibeamten privat immer gescheitert sind? Die Ehe ist kaputt, die Kindern gehen auf Distanz, die Ermittler sind verschuldet, rauchen ohne Ende Zigaretten und fühlen sich ungerecht behandelt – total frustriert eben. Und das wirkt sich entsprechend negativ auf die Verhandlungsführung aus.

Die Verhandlungsführung der Polizei, die ich kennengelernt habe, ist genau das Gegenteil: sehr ruhig und respektvoll. Durch den intensiven Austausch mit dem FBI, dem New York Police Department, dem Hong Kong Police Department und Scotland Yard darf ich behaupten, dass die Verhandlungsführung international identisch abläuft. Wenn Sie die Gelegenheit haben, schauen Sie Videos an von Verhandlungslegenden wie Gary Noesner, ehemals Chief Negotiator beim FBI, oder Jack Cambria, 35 Jahre lang der Chief Negotiator beim NYPD. Mit Gary und Jack bin ich befreundet, ich tausche mich regelmäßig mit ihnen aus und biete deren Workshops auch für unsere Kunden an.

Die Verhandlungsführung der Polizei beruht auf den »3 E«, drei wichtigen Grundsätzen: Ethik, Empathie und Emotion.

Ethik

Generell wird Ethik als eine philosophische Disziplin verstanden, deren Aufgabe es ist, Kriterien für gutes und schlechtes Handeln beziehungsweise Verhandeln sowie für die Bewertung von Motiven und Folgen aufzustellen. Doch genau diese Bewertung und die Einteilung in »gut« und »schlecht« ist eine große Falle in schwierigen Verhandlungen.

Sie haben eine bestimmte, Ihre ganz eigene Vorstellung von »gut« und von guter, fairer Verhandlungsführung und leben vielleicht in der – offensichtlich irrationalen – Annahme, dass Ihr Verhandlungspartner die gleiche Vorstellung davon haben soll. Doch das stimmt so gut wie nie.

Ich möchte auf gar keinen Fall einen Straftäter positiv darstellen, und ich möchte unbedingt vermeiden, dass ich eine Straftat »schönrede«. Nein, das möchte ich nicht. Und dennoch möchte ich Ihnen zeigen, dass auch ein Straftäter nicht »schlecht« ist und folglich auch nicht mies behandelt werden darf.

Es gibt einen Grundsatz: Man verhandelt mit einem Menschen und nicht mit einem Straftäter. Es gibt in Verhandlungen kein »gut« und kein »schlecht«, es gibt kein »fair« und kein »unfair«. Sie verhandeln immer nach Ihren persönlichen ethischen Maßstäben, damit Sie sich selbst nichts vorwerfen können. Erwarten Sie aber nicht, dass Ihr Gegenüber das auch so sieht und die gleichen Bewertungsmaßstäbe teilt.

Konkret bedeutet das in Verhandlungen: Sie bleiben immer respektvoll! Aber was heißt das?

- *Akzeptieren:* Andere so sehen und so nehmen, wie sie sind.
- *Nicht umformen:* Andere nicht zu den eigenen Gunsten »formen« wollen.
- *Nichts einreden:* »Das ist wirklich gut für Sie.«
- *Nichts ausreden:* »Verstehen Sie doch, das bringt nichts.«
- *Keine Ratschläge:* »An Ihrer Stelle würde ich jetzt …«
- *Keine Vorwürfe:* »Hätten Sie das gleich zu Beginn gesagt, dann …«
- *Keine Vergleiche:* »Mit Ihrer Kollegin sind wir hier schneller vorangekommen …«
- *Keine Dramatisierung:* »Wissen Sie überhaupt, was nun auf Sie zurollt …«
- *Keine Bagatellisierung:* »Ist doch alles nicht so schlimm …«
- *Keine Killerphrasen:* »Jeder vernünftige Mensch weiß doch …«

Dazu gibt es extrem gefährliche Worte, die eine Verhandlung zur Explosion bringen können, ungewollt und nicht vorbereitet, etwa Begriffe wie »großzügig« oder »fair«.

»Wir haben für Sie eine faire Lösung vorbereitet«: Mit solch einer Formulierung machen Sie sich selbst zu einem »guten« Verhandlungsführer, moralisch gefestigt, auf der richtigen Seite. Sie implizieren damit natürlich, dass nur Sie auf der moralisch richtigen Seite stehen und Ihr Gegenüber, sollte er das faire Angebot nicht annehmen, als unfair und ethisch fragwürdig dasteht.

Verhandlungstipp
Ethik heißt: Sie bleiben immer respektvoll, erwarten aber keinen Respekt. Ihr Verhandlungspartner hat das Recht, sich ein eigenes Bild von Respekt zu machen und dieses Bild selbst zu interpretieren.

In schwierigen Verhandlungen ist es fast immer so, dass Sie sich von dem Gegenüber nicht respektiert fühlen. Sie sind enttäuscht, weil Sie die Annahme hatten, dass andere Leute die gleiche Bewertung haben sollten. Aber es schaut nun einmal jeder Mensch durch eine andere Brille auf die Welt.

Empathie

Empathische Verhandlungsführer sind in der Lage, Emotionen des Gegenübers zu erkennen, zu verstehen und nachzuempfinden. Statt Mitleid entsteht ein Mitgefühl. Alle Verhandlungsprofis sind hochgradig empathisch und in der Lage, über Gefühle zu sprechen. Dieses Sprechen über Gefühle will aber gelernt sein, sonst wirkt es anbiedernd und besserwisserisch.

Beispiel: Der langjährige Leiter der Verhandlungsgruppe des NYPD, Jack Cambria, hat mir vor einigen Jahren von einem seiner Anfangsfehler erzählt. Jack wurde einmal zu einem Einsatz gerufen. Ein Mann mit Selbstmordabsichten stand auf einer Brücke und war bereit zum Sprung. Jack hörte dem Mann zu und sagte dann den verhängnisvollen Satz: »Ich verstehe Sie.« »Verstehen« nahm der Mann als »Verstehen der Situation« wahr, und deshalb entgegnete er verärgert: »Wenn Sie meine Situation verstehen würden, hätten Sie meine Situation auch erlebt und würden nun zusammen mit mir hier stehen.« Jack entschuldigte sich daraufhin – das Gespräch konnte weitergehen.

Verhandlungstipp
Empathie heißt: Nehmen Sie sich zurück, und hören Sie zu. Ihr Redeanteil in einer Verhandlung sollte maximal 5 Prozent betragen. Das Grundelement der Empathie ist die Zurücknahme der eigenen Person – und das heißt, das Gegenüber reden zu lassen und zuzuhören.

Kann man Empathie erlernen? Die schlechte Nachricht lautet: Es hat wohl nicht jeder Mensch das Talent zur hochgradigen empathischen Verhandlungsführung. Aber hier gleich die gute Nachricht: Es kann jeder Mensch ein besserer Verhandlungsführer werden. Das eigene Ego zurückstellen, selbst nicht so viel reden, das Gegenüber reden lassen – das sind Taktiken, die sich erlernen lassen.

Emotion

»Wie kann ich mein Gegenüber beruhigen?«, werde ich oft gefragt. »Der ist immer so aggressiv« oder »Bei der ersten Kritik zieht er sich zurück« sind die Klassiker der emotionalen Reaktion auf ein bestimmtes Signal. Das kann beispielsweise eine respektlose Bemerkung oder ein persönlicher Angriff sein. Da Ihr Verhandlungspartner eine andere Sicht auf die Situation hat, kann es gut sein, dass Sie Ihren Kommentar gar nicht böse gemeint haben, aber die Gegenseite diesen als Angriff empfindet.

Ich bin mir sicher, dass Sie schon mehrfach mit einem Kommentar eine ungewollte Eskalation losgetreten haben. Ihr Gegenüber erzählt Ihnen etwas, und Sie geben einen Kommentar ab. Ihr Gegenüber »tickt aus«, und Sie sagen: »So habe ich das nicht gemeint.« Sie meinten es sicher nicht böse, aber Ihr Gegenüber verstand es eben aus seiner Sicht so. Deshalb sollten Sie bei emotionalen Verhandlungen nicht kommentieren, sondern das BCSM anwenden.

Verhandlungsführer der Polizei werden weltweit mit dem »Behavioral Change Stairway Model« (BCSM) trainiert, damit emotionale Reaktionen vermieden werden. Dieses Modell ermöglicht ihnen, auch in schwierigsten Situationen Vertrauen zur Gegenseite aufzubauen und das Verhalten zu Ihren Gunsten zu verändern. Das Modell beruht auf vier Grundsätzen:

- Aktives Zuhören, ohne Fragen zu stellen.
- Gemeinsame Gefühle betonen, nicht: »Ich verstehe Ihre Situation …«
- Gewonnene Informationen nicht bewerten, nur entgegennehmen.
- Gemeinsame Lösungsmöglichkeiten entwickeln.

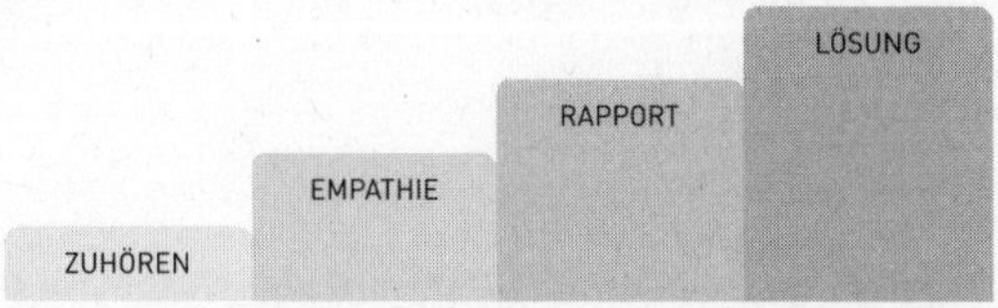

Das Behavioral Change Stairway Model

Beispiel: Während meiner Zeit bei der uniformierten Polizei musste ich einmal eine Frau festnehmen, die gerade ihren Ehemann umbringen wollte. Nachbarn hatten die Polizei informiert, dass diese Frau laut schreiend durch den Garten rannte, eine Axt in der Hand hielt und »durchgeknallt« war. Mein Kollege und ich waren in der Nähe und fuhren sofort zum Tatort. Der Ehemann hatte sich in einem kleinen, hölzernen Gartenhaus versteckt, und die Frau stand mit dem Beil davor. Damit drosch sie auf das Gartenhaus ein, der Ehemann saß in Todesangst hinter der dünnen Holzwand. Wir sind in die Verhandlung mit der Frau eingestiegen.

Aktives Zuhören, ohne Fragen zu stellen

Aktives Zuhören besteht aus zwei Worten: »aktiv« und »zuhören«. Das mag banal klingen, die Kombination der beiden Worte ist jedoch sehr wichtig. »Aktiv« bedeutet in diesem Zusammenhang ein echtes Interesse an den Aussagen des Gegenübers. Konkret heißt das, dass Sie ständig Blickkontakt halten, nicken und Worte wie »okay« oder »danke« verwenden. Ihr Gegenüber fühlt sich ermuntert weiterzuerzählen.

»Zuhören« ist das Gegenteil von Reden. Eine Frage zu stellen ist eben Sprechen und hat mit Zuhören nichts zu tun. Sie stellen keine Fragen, sondern lassen das Gegenüber einfach reden. Würden Sie eine Frage stellen, würden Sie die Verhandlung in eine – Ihnen wichtige – Richtung lenken und den Informationsfluss abbrechen. Ihr Gegenüber sagt dann nicht mehr, was ihm wirklich wichtig ist, sondern beantwortet eine Frage, die Ihnen wichtig ist.

In meinen Seminaren lasse ich die Teilnehmer gerne eine Partnerübung machen: Partner A erzählt von einem prägenden Erlebnis seiner Kindheit, und Partner B hört zu und darf keine Fragen stellen. Interessanterweise hat Partner A nie ein

Problem mit dieser Übung – es ist fast befreiend, einmal in Ruhe über diese Situation zu reden. Partner B hingegen fühlt sich unwohl und möchte ständig Fragen stellen – es ist einfach so ungewohnt, nur dazusitzen und zuzuhören.

> Die Frau mit der Axt brauchte keine Ermunterung zum Reden: Sie fing sofort an, uns auf das Übelste zu beschimpfen. Eine erste Reaktion wäre natürlich, dagegen zu argumentieren, die Frau auf diese unverschämten Anschuldigungen hinzuweisen und sie zurechtzuweisen. Würde das funktionieren? Nein!
> Deshalb ließen wir die Frau reden, einfach nur reden. Wir hörten ihr zu und stellten keine Fragen. Die Frau erzählte von sich aus, was alles passiert war und wieso sie ihren Mann umbringen müsse. Spätestens jetzt zuckte man und wollte einen Kommentar abgeben, beispielsweise: »Sie dürfen doch den Mann nicht umbringen!« Richtig war hingegen, den Mund zu halten und abzuwarten – so lange, bis ihr Redefluss zum Stillstand kam. Umgangssprachlich würde man sagen: Man muss warten, bis sich jemand »ausgekotzt« hat.

Ich habe mir angewöhnt, ab dem letzten Wort des Gegenübers den Blickkontakt zu halten und bis zehn zu zählen. Wenn dann immer noch keine weiteren Informationen kommen, ist es Zeit für Stufe 2 im Behavioral Change Stairway Model.

Kennen Sie diese Schnellkochtöpfe? Sobald die gewünschte Temperatur erreicht ist, zieht man den Topf von der Platte und wartet, bis das Ventil wieder nach unten geht. So stelle ich mir meine Verhandlungspartner vor: Ich warte einfach, bis der Dampf abgelassen ist und ich wieder Zugang zu meinem Gegenüber finde.

Vielleicht halten Sie jetzt kurz inne und denken: Das stimmt doch nicht! Sie haben jahrelang gelernt, dass offene Fragen wichtig sind – und natürlich auch: »Wer fragt, der führt.« Das mag für normale, durchschnittliche Verhandlungen zutreffen – doch für schwierige Verhandlungen müssen Sie besser sein als der Durchschnitt.

Ich habe es nur sehr selten erlebt, dass mein Gegenüber überhaupt nicht mit mir reden wollte. Das waren Verhandlungen, als ich bei der Drogenfahndung »undercover« unterwegs war und mein Gegenüber unter Drogeneinfluss stand. Da diese Situation für Sie wohl eher weniger zutrifft, dürfen Sie gerne meinem Rat vertrauen und, ohne eine Frage zu stellen, die Verhandlung führen.

Gemeinsame Gefühle betonen, nicht: »Ich verstehe Ihre Situation ...«

Eine Situation ist ein einmaliges Erlebnis – und nur Ihnen so schon einmal passiert. Wer nicht in genau dieser Situation war, kann sie nicht nachvollziehen und auch nicht verstehen. Gefühle hingegen sind universell: Wir alle kennen Gefühle wie Ärger, Wut, Freude oder Enttäuschung. Situationen dürfen in einer Verhandlung nicht angesprochen werden, Gefühle hingegen schon. Hierbei gibt es eine Besonderheit: Wenn Sie Gefühle ansprechen, so kann das sehr leicht besserwisserisch und von oben herab rüberkommen. Wenn Sie beispielsweise zu Ihrem Lebenspartner sagen: »Du ärgerst dich einfach zu schnell«, werden Sie wenig positives Feedback bekommen. Deshalb dürfen Gefühle nur mit Bezug auf eine Gemeinsamkeit angesprochen werden.

Die Frau mit der Axt hörte nach ihrem Redeschwall und dem Dampfablassen auf zu reden. Sie stand mit dem Beil in der Hand vor uns und sah uns an. Ich sagte: »Da hat Ihr Mann Sie sehr enttäuscht. Dieses Gefühl der Enttäuschung kenne ich auch.« Ich sagte also nicht, dass ich diese Situation verstehe, sondern dass ich das Gefühl kenne – und das stimmte auch. Die Gemeinsamkeit wird über das gemeinsame Gefühl hergestellt: Wir sind beide schon mal enttäuscht worden und haben jetzt eine Grundlage, auf der wir weiterreden können.

Gewonnene Informationen nicht bewerten, nur entgegennehmen

In der englischen Originalversion heißt die Stufe 3 »rapport«. Rapport wird definiert als ein affektiver Zustand auf dyadischer oder Gruppenebene, der aus einer Angleichung affektiver Ausdrücke entsteht. Wenn Rapport vorhanden ist, entwickeln Menschen gegenseitig Interesse an dem, was der oder die andere sagt und oder tut, sowie positive Einstellungen zueinander.

Nachdem Sie eine Gemeinsamkeit hinsichtlich Ihrer Gefühle hergestellt haben, warten Sie auf Informationen, die Ihr Gegenüber nicht geben müsste, aber aufgrund der guten Beziehung geben möchte. In einer Verhandlung merken Sie, dass Ihr Verhandlungspartner etwas preisgibt, was nicht unbedingt notwendig wäre: Er schwächt geradezu die eigene Verhandlungsposition durch das Mitteilen von so vielen Informationen.

Erst wenn Sie Informationen bekommen, die Ihr Gegenüber nicht unbedingt geben müsste, sind Sie auf Stufe 3. Es ist der Beweis, dass die ersten beiden BCSM-Stufen erfolgreich waren und eine gute Beziehung existiert. Sollte Ihr Verhandlungspartner weiterhin taktische Informationen zurückhalten, befinden Sie sich nicht auf Stufe 3 und hätten auf Stufe 1 oder 2 einen Fehler gemacht.

> Die Frau mit der Axt erzählte mir von den Familienstreitigkeiten: Ihr Ehemann hatte sich auf die Seite der verfeindeten Schwester geschlagen und Partei für die »Gegenseite« ergriffen. Dieses Verhalten war für die Frau so schlimm, dass sie den Ehemann umbringen »musste«. Sie hatte mir die Tötungsabsicht und die sogenannten Tatbestandsmerkmale eines Mords genannt, sich also selbst in eine schlechte Position geredet. Das war der Startpunkt für Stufe 4.

Gemeinsame Lösungsmöglichkeiten entwickeln

Sobald man genügend Informationen bekommen hat, können Sie gemeinsam mit der Gegenseite Lösungsmöglichkeiten erarbeiten. Sie machen also keine Vorschläge und keine Angebote, sondern erarbeiten mit Ihrem Gegenüber mögliche Optionen, die zu einer Lösung führen können. Das Unterbreiten irgendwelcher Angebote ist immer ein Verhandlungsfehler, der zum Scheitern führen kann. Wichtige Formulierungen lauten in Stufe 4 deshalb beispielsweise so: »Wie können wir beide hier weiterarbeiten?« Oder: »Was könnte für uns beide eine Möglichkeit sein?«

> Wir redeten also weiter mit der Frau mit der Axt – nicht aber mit dem Mann hinter der Holzwand, denn wir wollten den Fokus bei der Frau belassen und keine Ablenkung ins Spiel bringen. Ich sprach die Frau an: »Was können Sie sich vorstellen, wie wollen wir hier weitermachen?« So versuchte ich, sie in eine Lösungsfindung einzubinden. Nachdem sie sich beruhigt und wohl selbst erkannt hatte, dass sie emotional überreagiert hatte, fragte sie uns, wie das weitere Vorgehen aussehe.
>
> Wir antworteten wahrheitsgemäß, dass wir sie mitnehmen und einem Arzt vorführen müssten. Denn bei Eigengefährdung wie Selbstmordabsichten oder Fremdgefährdung wie eben Tötungsabsichten

müsse die betreffende Person in psychiatrische Behandlung gebracht werden. Daraufhin legte sie die Axt beiseite und fuhr ohne weiteren Widerstand mit uns zur Polizeistation. Von dort wurde sie später zur Untersuchung in eine psychiatrische Klinik gebracht.

Ich habe an unserem Institut festgestellt, dass die meisten Verhandlungsführer nicht in der Lage sind, die Emotionen der Gegenseite zu verstehen und in Verhandlungen richtig zu steuern. Es wird meist rationalisiert und versucht, mit vernünftigen und nachvollziehbaren Begründungen die eigene Position abzusichern.

Sie kennen diesen Fehler vermutlich selbst und begehen ihn auch in privaten Verhandlungen, beispielsweise mit Ihren Kindern: Ihr Kind kommt wütend von der Schule nach Hause und fühlt sich total ungerecht behandelt. Ich behaupte, dass Sie sofort mit Stufe 4 einsteigen und Lösungen anbieten. Besser wäre es, mit Stufe 1 einzusteigen und zu sagen: »Erzähle doch mal …« Und dann sollten Sie zuhören, nicht unterbrechen und vor allem keine Fragen stellen. Einfach reden und sich beruhigen lassen. Sie werden merken, dass die Kommunikation sich zum Positiven ändern wird: Ihr Kind wird Ihnen mehr erzählen, als Sie erwartet haben. Und da Sie sicher auch schon mal ungerecht behandelt wurden, haben Sie einen guten Einstieg mit Gemeinsamkeiten.

PRINZIP 3
Die Führung der Verhandlung: Der Weg zu einer Einigung

»Warten Sie nicht auf die Möglichkeit.
Schaffen Sie die Möglichkeit.«
George Bernard Shaw

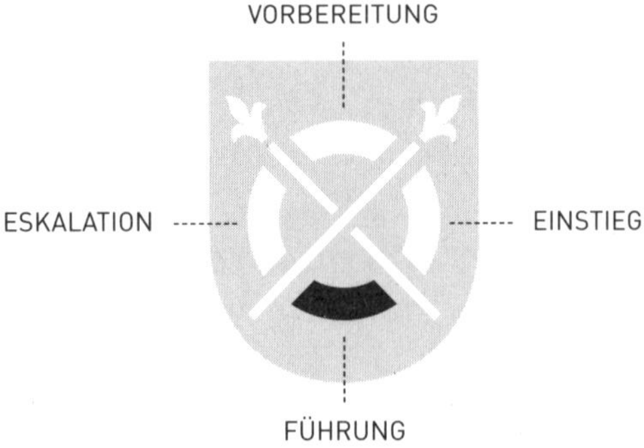

Führung

Ich glaube, Sie verhandeln meist intuitiv und nicht strategisch. Sie lassen sich von Ihrer Intuition leiten, und das ist nicht gut. Sie sollten überhaupt nicht geleitet werden – Sie sollten die Verhandlung leiten.

Es braucht eine klare Strategie, um ein Verhandlungsziel zu erreichen. Wenn Sie ohne eine solche verhandeln, werden Sie zum Spielball der Gegenseite, Sie reagieren auf das Gesagte, werden emotional und machen Fehler.

Eine *Strategie* ist eine gedankliche Leitlinie, eine Art Leitplanke, die Sie von Ihrer derzeitigen Position zu Ihrem Ziel bringen soll. Sie legt den Korridor fest, in dem Sie sich bewegen dürfen. Die *Taktik* ist die konkrete Umsetzung in der jeweiligen Situation.

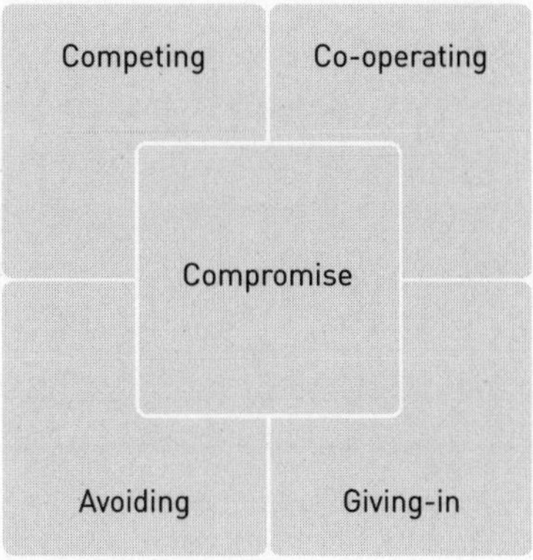

Das Strategie-Diagramm

Ich arbeite an unserem Institut in der Strategieentwicklung mit dem Strategie-Diagramm nach Kenneth W. Thomas und Ralph H. Kilmann. Sie unterscheiden darin den Willen zur Durchsetzung und den Willen zur Kooperation.

Der Wille zur Durchsetzung wird auf der y-Achse dargestellt. Ich habe diese Darstellung weiterentwickelt und verstehe den Willen zur Durchsetzung als den Glauben an die eigene Verhandlungsmacht. Stark vereinfacht heißt das: Wenn Sie sich mächtig fühlen, wollen Sie sich durchsetzen. Wenn Sie sich ohnmächtig fühlen, möchten Sie den Konflikt und den Machtkampf vermeiden – Ihnen bleibt also nur ausweichen oder nachgeben.

Die Bereitschaft zur Kooperation wird auf der x-Achse dargestellt. Streben Sie eine langfristige Partnerschaft an, so sind Sie natürlich zur Kooperation gezwungen. Möchten Sie keine oder nur eine sehr kurzfristige Partnerschaft eingehen, dann verknüpfen Sie Ihre Forderungen mit einer Sanktion.

Fühlen Sie sich mächtig?

Macht bedeutet im Verhandlungskontext, dass Sie sich auch gegen den Willen des Verhandlungspartners durchsetzen können. Sie haben die Sanktionsmöglichkeit und auch den Willen, diese Sanktionsmöglichkeit zu nutzen. Sie nehmen eine Beschädigung oder sogar Zerstörung der Beziehung in Kauf – Hauptsache, Sie können Ihre Macht ausspielen. Aber sind Sie wirklich mächtig?

Sie haben bereits gelernt, dass es keine Ratespiele über die eigene und gegnerische Machtposition geben sollte. Es gibt schlichtweg keine Gewissheit über die eigene Machtposition, weil Sie nie wissen können, ob Sie sich wirklich gegen den Willen des Verhandlungspartners durchsetzen können – ob Ihre Position schwach oder stark ist.

Viele Verhandlungsführer reflektieren die Vergangenheit und beziehen auf dieser Grundlage ihre Verhandlungsposition für die Zukunft. Das ist aber grundfalsch. Aufgrund unserer Analysen von über tausend Verhandlungen haben wir festgestellt: Die eigene Macht wird bei schwierigen Verhandlungen immer unterschätzt. Man sieht sich in einer ohnmächtigen Position, der Gegenseite wird mehr Macht zugesprochen. Ich behaupte außerdem: Je höher Sie in der Unternehmenshierarchie stehen, desto geringer schätzen Sie Ihre eigene Verhandlungsposition ein.

Wenn Sie beispielsweise im Vorstand oder in der Geschäftsführung eines Unternehmens sind, unterschätzen Sie die eigene Macht dramatisch. Sie werden nämlich immer nur dann hinzugezogen, wenn es im Unternehmen Probleme gibt.

Produktion, Qualität, Kundenservice oder ein anderer Bereich: Sie kommen, wenn etwas nicht funktioniert. So bekommen Sie ein negatives Bild des eigenen Unternehmens. Und ich behaupte: Je länger Sie im Unternehmen arbeiten, desto schwächer schätzen Sie die eigene Position ein. Sie haben einfach so viele Probleme mitbekommen, dass Sie glauben, in einem »Saftladen« zu arbeiten.

Die Frage nochmals: Fühlen Sie sich mächtig?

Ja, ein klares Ja! Sie gehen einfach davon aus, dass Sie in einer guten Verhandlungsposition sind. Und Sie haben auch einen Beweis: Wenn Ihr Verhandlungspartner mit Ihnen verhandelt, dann wissen Sie, dass dieser Sie braucht. Würde Ihr Verhandlungspartner Sie nicht brauchen, würde niemand an den Verhandlungstisch kommen.

Verhandlungstipp
Sie fühlen sich mächtig und freuen sich auf den Konflikt. Sollten Sie sich ohnmächtig fühlen, brauchen Sie erst gar nicht mit dem Verhandeln zu beginnen – Sie werden definitiv scheitern. Sich mächtig fühlen heißt nicht, dass Sie arrogant und besserwisserisch auftreten. Es heißt, dass Sie selbstbewusst, respektvoll und voller Freude auf den kommenden Konflikt verhandeln.

Strategie 1: Competing

Diese Strategie steht für »Selbstbehauptung« und »Wettbewerb«. Wer diese Strategie wählt, will den Konflikt verhandeln, mit allen Konsequenzen. Sie wollen gewinnen, fair und unter Beachtung aller Regeln. Sie starten die Verhandlung mit klaren Forderungen, Sie legen »den Fisch auf den Tisch« und zeigen wenig Kooperationsbereitschaft.

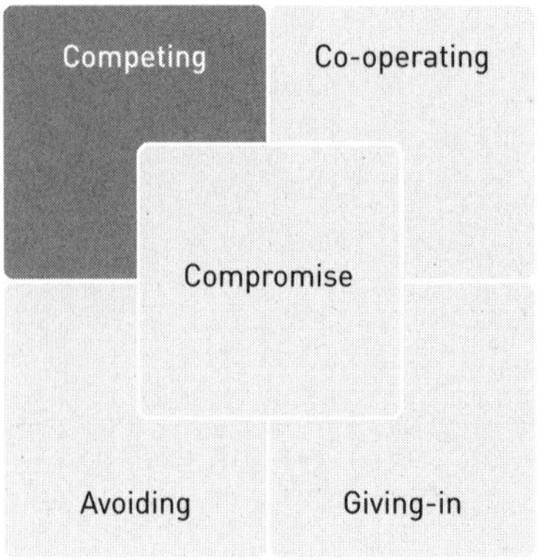

Die Competing-Strategie

Vorteile:

- Sie zeigen die Bereitschaft, den Konflikt anzugehen und nicht zu vermeiden.
- Es ist eine Demonstration der Macht und belegt den Willen zur Machtausübung.
- Es ist die optimale Startposition, denn von Competing können Sie leicht ohne Gesichtsverlust zu einer anderen Strategie wechseln.
- Wenn Sie sich von Competing zu co-operating bewegen, wirken Sie kooperativ und partnerschaftlich.

Nachteile:

- Bei falscher Wortwahl kann Competing wie eine Drohung anmuten.
- Mit wenig Sensibilität auf Ihrer Seite kann es zur Reaktanz auf der Gegenseite kommen. Sie erinnern sich an den Geschäftsführer in der Verhandlung mit dem Einkaufsleiter, der sagte: »Junger Mann …«
- Es ist schwierig, den richtigen Zeitpunkt für das »Window of Opportunity« zu erkennen.

Verhandlungstipp
Starten Sie mit Competing, und zeigen Sie der Gegenseite, dass Sie keine Angst vor diesem Konflikt haben. Es ist unglaublich wichtig, das erste Signal zu senden und sich damit selbst in eine gute Verhandlungsposition zu katapultieren.

Strategie 2: Giving-in

Diese Strategie steht für »Nachgeben« und auch für »Aufgeben«. Wer diese Strategie wählt, will den Konflikt unbedingt vermeiden. Ich unterscheide dabei zwischen einem emotionalen Nachgeben, aus Angst vor dem Konflikt, und einem strategischen Nachgeben, um zu einem späteren Zeitpunkt in einer besseren Verhandlungsposition zu sein.

Vorteile:
- Sie vermeiden den Konflikt und beschädigen keine Beziehung.
- Sie sind den Konflikt erst einmal los: Es ist eine kurzfristige Erleichterung.
- Bei einem strategischen Nachgeben können Sie später in einer besseren Position sein.

Nachteile:
- Sie senden Ihrem Verhandlungsgegenüber ein falsches Signal: Sie reagieren auf Druck, indem Sie nachgeben.
- Ihr Gegenüber wird aggressiver und fordert mehr.
- Bei einem strategischen Nachgeben erlauben Sie auch der Gegenseite, sich aufzurüsten und die Position zu verbessern.

Verhandlungstipp
»Der Klügere gibt nach«, sagt der Volksmund. Das mag für manche Situationen innerhalb der Familie gelten, für Verhandlungen gilt es ganz sicher nicht. Wer nachgibt, sendet das gefährlichste Signal von allen: Ich habe Angst!

Strategie 3: Compromising

Diese Strategie steht für »sich in der Mitte treffen«. Wer diese Strategie wählt, will den Konflikt abschwächen und mit einem blauen Auge die Verhandlung beenden.

Vorteile:

- Sie schwächen den Konflikt ab und vermeiden die totale Eskalation.
- Im deutschen Sprachraum ist der Kompromiss positiv besetzt: Sie bekommen positives Feedback.
- Am Ende einer langen und intensiven Auseinandersetzung kann der Kompromiss die Lösung sein.

Nachteile:

- Ein Sprichwort sagt: »Ein Kompromiss ist es dann, wenn alle unzufrieden sind.« Es gibt eine große Unzufriedenheit auf Ihrer wie auch auf der Gegenseite. Alle Parteien haben das Gefühl, da wäre noch mehr möglich gewesen.
- Die »Mitte« ist der Punkt auf einer Linie, die von der Gegenseite gezeichnet worden ist. Ein Kompromiss ist die Mitte der Gegenseite, nicht aber Ihre Mitte.
- Im internationalen Kontext ist der Kompromiss oft negativ besetzt, in einigen Ländern steht der Kompromiss sogar für eine Niederlage.

Verhandlungstipp
Haben Sie wirklich alles probiert? Haben Sie alle – wirklich alle – Möglichkeiten getestet, sich gerieben, gestritten, die Verhandlung abgebrochen, sind zurückgekommen, haben schlaflose Nächte durchlebt? Wenn Sie jetzt noch Ja sagen, kann der Kompromiss die Lösung sein – aber bitte erst, nachdem Sie alles versucht haben.
Wenn Sie zu früh einen Kompromiss anbieten oder annehmen, wird es ein fauler Kompromiss.

Strategie 4: Avoiding

Diese Strategie steht für »Spiel auf Zeit«. Wer diese Strategie wählt, will den Konflikt jetzt vermeiden und zu einem späteren Zeitpunkt in einer besseren Position verhandeln.

Vorteile:
- Sie vermeiden den Konflikt und können sich »aufrüsten« für eine spätere Verhandlung.
- Sie zeigen, dass Sie keine Einigung brauchen, und erzeugen das Gefühl der Unabhängigkeit.
- Sie können jederzeit die Position verlassen und eine andere einnehmen.

Nachteile:
- »Spiel auf Zeit« funktioniert eben nur für eine bestimmte Zeit. Wenn Sie zu lange bei dieser Strategie bleiben, erzeugen Sie auf der Gegenseite das Gefühl der eigenen Machtlosigkeit.
- Diese Strategie ist kurzfristig – ein langfristig denkender Verhandlungspartner wird von Ihnen enttäuscht sein.

- Je länger Sie diese Strategie nutzen, desto schwieriger wird der Strategiewechsel.

Verhandlungstipp
Brauchen Sie noch Zeit? Wenn Sie die Zeit dafür nutzen, um in eine bessere Verhandlungsposition zu kommen, dann sehr gerne. Ausweichen bedeutet, dass Sie nicht verhandeln, aber im Hintergrund »aufrüsten«. Das reine Nichtstun und Abwarten sind nicht erlaubt.

Strategie 5: Co-operating

Diese Strategie ist die optimale Lösung für Verhandlungen. Beide Seiten bekommen wichtige Forderungen erfüllt und einigen sich auf eine langfristige Lösung.

Vorteile:
- Beide Verhandlungsparteien einigen sich nach einer intensiven Verhandlung und der Bewertung aller Alternativen.
- Durch die zunehmende Kooperationsbereitschaft entsteht Vertrauen.
- Die Einigung wird langfristig Bestand haben, und beide Seiten werden die Umsetzung vorantreiben.

Nachteile:
- Diese Strategie funktioniert nur, wenn auch die Gegenseite an einer gemeinsamen Lösung interessiert ist.
- Wenn die Gegenseite kurzfristig denkt, Sie aber langfristig, werden Sie verlieren.
- Es braucht ein Grundmaß an Vertrauen. Wenn dieses Vertrauen nicht da ist, können Sie diese Strategie nicht anwenden.

Verhandlungstipp
»Taten sind wichtiger als Worte«, sagt der Volksmund – und das stimmt auch für Verhandlungen. Wenn Ihr Verhandlungspartner mit echten Zugeständnissen bewiesen hat, dass eine Win-win-Einigung möglich ist, sollten Sie diese akzeptieren.
Lassen Sie sich nicht von Worten blenden. »Wir wollen eine langfristige Partnerschaft« ist wohl die häufigste Formulierung, um Kooperation vorzutäuschen, ohne sich tatsächlich zu bewegen.

Startposition

Bei schwierigen Verhandlungen braucht es eine klare Startposition: Competing, also die Bereitschaft, einen Konflikt anzusprechen und zu verhandeln. Diese Bereitschaft zeigt man am besten durch eine klare Forderung gleich zu Beginn: »Put the fish on the table.«

Wie bereits betont, sollte diese Forderung in einem höflichen und respektvollen Ton in die Verhandlung eingebracht werden – so vermeiden Sie den Anschein von Arroganz. Die eigene Forderung kommunizieren Sie jedoch klar, und Sie zeigen zunächst keine Kooperationsbereitschaft. Der Konflikt muss erst wirken können. Wichtig ist dabei, keine Begründung und keine Rechtfertigung nachzuschieben. Wer sich rechtfertigt und eine Forderung begründet, schwächt die eigene Verhandlungsposition und wird angreifbar.

Verhandlungstipp
Solange Sie respektvoll bleiben, können Sie so viel fordern, wie Sie möchten. Verhandlungen scheitern nicht, weil die Forderung zu hoch ist, sondern weil respektlos kommuniziert wird.

Strategiewechsel

Die anschließende Frage lautet nun: Wer sollte sich zuerst bewegen? Sie kennen vielleicht den Satz: »Wer zuckt, verliert!« Dem stimme ich zu, denn ein »Zucken« wäre eine Reaktion, ein emotionales Zeichen der Angst. »Zucken« ist also verboten, eine Bewegung ist jedoch erlaubt, sogar notwendig.

In der Verhandlungssprache gibt es das sogenannte »Window of Opportunity«: Ein Fenster öffnet sich, und man sieht die Möglichkeit einer Einigung. Dieses Fenster muss von Ihnen geöffnet werden. Auf die Gegenseite zu warten ist nicht hilfreich, denn Sie sollten ja führen und nicht abwarten.

Das Öffnen des Fensters wird im Konjunktiv formuliert, Sie bieten die Möglichkeit der Kooperation an und sagen Sätze wie: »Könnten Sie sich vorstellen, dass wir gemeinsam die Dauer des Vertrags neu diskutieren?« Damit stoßen Sie das Fenster ein bisschen auf, und ein professionelles Gegenüber wird das Signal erkennen und in der Regel ebenfalls Kooperationsbereitschaft signalisieren.

In den meisten Fällen empfiehlt sich ein Strategiewechsel von Competing zu Co-operating. Denn nachdem der »Fisch« gewirkt und die Gegenseite verstanden hat, dass man einen Konflikt nicht fürchtet, sollten Sie Kooperationsbereitschaft erkennen lassen. Wohlgemerkt: Kooperationsbereitschaft, nicht Kompromissbereitschaft.

- *Kooperation* bedeutet, dass sich die Parteien um eine gute Lösung für beide Seiten bemühen, neue Forderungen einbringen, sich reiben, auch unangenehme Punkte zur Sprache bringen und sich nach einer intensiven Auseinandersetzung einigen.
- *Kompromiss* heißt, dass man ein Problem schnell gelöst haben möchte und sich linear aufeinander zubewegt. Linear bedeutet in diesem Zusammenhang, dass es nur eine

Linie wie beispielsweise den Preis gibt. In einer klassischen Preisverhandlung würde ein Kunde 10 Prozent Preisnachlass fordern, während der Lieferant 0 Prozent geben möchte. Beide wollen sich schnell einigen und beschließen ein Agreement mit 5 Prozent. Es werden keine zusätzlichen Optionen geprüft, keine neuen Forderungen eingebracht, es wird nicht um die bestmögliche Lösung gerungen. Es geht schlichtweg darum, das Ding vom Tisch zu kriegen.

Die Bewegung von Competing zu Co-operating darf nur unter Berücksichtigung des Grundsatzes der »Reziprozität« erfolgen, also des Grundsatzes von Geben *und* Nehmen. Wenn Sie in einer Verhandlung etwas nehmen, müssen Sie folglich auch bereit sein, dafür etwas zu geben.

Es gibt zwei große Fehler bei dem Strategiewechsel von Competing zu Co-operating:

- *Man bewegt sich zu schnell* und bietet zu schnell zu viel Kooperationsbereitschaft an. Die Gegenseite bemerkt die Bereitschaft zu einem schnellen Agreement und wird versuchen, mehr aus dieser Verhandlung herauszuholen.
- *Man bewegt sich zu langsam,* weil man die eigene Verhandlungsposition ausreizen möchte, und beschädigt damit die Beziehung.

Verhandlungstipp
Wer sich zu schnell oder zu langsam bewegt, wird keine Einigung erreichen – im Gegenteil: Die Verhandlung eskaliert.

Dieses Buch beschäftigt sich ausschließlich mit schwierigen Verhandlungen. Dabei gibt es zumindest aufseiten einer Verhandlungspartei zu wenig Vertrauen und zu wenig Glauben an eine langfristige, partnerschaftliche Lösung. Das wollen viele jedoch nicht wahrhaben und klammern sich verzweifelt an den Glauben des »guten Menschen«: Der gute Mensch müsse doch einfach verstehen, dass eine gemeinsame Lösung für alle am besten sei. Das Problem hierbei: Der gute Mensch versteht das aber nicht, weil er den eigenen Vorteil über die Wichtigkeit der Beziehung stellt.

Mit den Strategien Compromising, Avoiding und Giving-in können die eigenen Ziele nicht erreicht werden. Mit diesen werden Konflikte nicht wirklich ausgetragen – es gibt nicht genug echte Auseinandersetzung und Reibung, um zu einem guten Ergebnis zu gelangen.

Glaube an eine langfristige Partnerschaft

Der Glaube an eine partnerschaftliche Lösung wird bei schwierigen Verhandlungen immer überschätzt. Man glaubt an eine langfristige und faire Beziehung, weil man ja selbst langfristig orientiert ist. Und man ist sehr enttäuscht, wenn die Gegenseite das anders sieht.

Wer wirklich eine gute und vertrauensvolle Beziehung zur Gegenseite hat, kommt niemals in eine schwierige Verhandlungssituation. Wer Vertrauen hat, spricht offen über alle Probleme und Möglichkeiten und ist auch zu einer starken Kooperation bereit, weil die Beziehung wichtig ist. Schwierige Verhandlungssituationen – und speziell die Sackgasse – sind hingegen ein deutliches Zeichen dafür, dass es kein oder zu wenig Vertrauen in dieser Beziehung gibt.

In einer kooperativen Verhandlung öffnet man die Tür zu weiteren Optionen. Wichtig ist dabei, dass man Forderungen von nun an im Konjunktiv kommuniziert: »Könnten Sie sich vorstellen …?« Oder: »Wäre es für Sie von Interesse …?« Es ist ein ständiges Testen und Hinterfragen, ohne sich selbst festlegen zu müssen.

Wenn nun die Gegenseite das geöffnete Fenster sieht und den neuen Raum betritt, muss man sofort Danke für diese Möglichkeit sagen. Es ist unglaublich wichtig, sich für die Kooperationsbereitschaft der Gegenseite zu bedanken. Denn wer sich nicht bedankt, wird als respektlos wahrgenommen, und die Verhandlung wird wieder emotional.

Beispiel: Nachdem bei einer Preisverhandlung der Commander über das große Bild, die langfristige Partnerschaft und den Willen zu einer Einigung gesprochen hat, übernimmt der Negotiator im Einkaufsteam und legt den »Fish« auf den Tisch: »Wir brauchen von Ihnen eine zehnprozentige Preisreduktion.« Es gibt keine Begründung und keine Rechtfertigung, sondern der Konflikt wird für einige Sekunden ausgehalten.

Wenn alle Beteiligten das verstanden und verdaut haben, sagt der Negotiator: »Aufgrund der von beiden Parteien gelebten Partnerschaft könnten wir uns vorstellen, die 10 Prozent über einen Zeitraum von drei Jahren mit einer Staffelung zu verbinden. Wäre das für Sie vorstellbar?«

Von nun an kann das Einkaufsteam die Faktoren Geld und Zeit beliebig schieben. So kann eine Lösung lauten, im ersten Jahr 3 Prozent Preisnachlass, im zweiten Jahr 2 Prozent und im dritten Jahr 5 Prozent. Oder es gibt vielleicht einen Verzicht auf die Preisreduktion im ersten Jahr, um im zweiten Jahr die Potenziale besser ausschöpfen zu können.

Sollte die Verhandlung ins Stocken kommen, kann jederzeit eine neue Forderung eingebracht werden. »Wäre es für Sie von Interesse, wenn wir eine gemeinsame Marketingplattform aufbauen?« Ihr Vorteil: Es gibt ja immer noch mindestens 18 Forderungen auf der vorbereiteten Liste, die klar mit Prioritäten versehen sind.

Neben dem Einbringen von Forderungen ist es wichtig, ständig den aktuellen Stand der Verhandlung zusammenzufassen: »Ich darf festhalten, dass sich beide Parteien einig sind, einen Vertrag mit einer Laufzeit von drei Jahren anzustreben.« Durch diese ständigen Zusammenfassungen vermeidet man unverbindliches Gerede und kommt zielstrebig zu einem Ergebnis.

Window of Opportunity

Aufgrund unserer Erfahrung öffnet sich das Fenster nur zweimal im gesamten Verhandlungsprozess. Es bleibt nicht lange offen und wird wieder verschlossen. Und wenn es erst einmal geschlossen ist, gibt es keine Möglichkeit mehr für eine Einigung.

Das sind die beiden Möglichkeiten für das »Window of Opportunity«:

- *Es ist alles geklärt, es gibt keinen Grund zu warten.* Das ist der Fall, nachdem alle Informationen geklärt sind, es keine Missverständnisse mehr über den Sachverhalt gibt und die gegenseitige Abhängigkeit zu einer Lösung zwingt. Der »Fisch« wird auf den Tisch gelegt, und die Verhandlung beginnt mit Competing: Beide Seiten sind kooperationsbereit und bewegen sich gemeinsam auf der Grundlage von Reziprozität, also von Geben und Nehmen, in Richtung einer Lösung.
- *Die Ermüdungsphase während einer langen Eskalationsphase.* Die Verhandlungsparteien haben den richtigen Zeitpunkt verpasst, die Eskalation nimmt ihren Lauf. Damit Sie dieses »Window of Opportunity« erkennen, sollten Sie sich unser »Negotiation Escalation Model« vor Augen halten.

Das Negotiation Escalation Model, aufbauend auf dem Phasenmodell von Friedrich Glasl

Um die Möglichkeiten und Gefahren zu verstehen, braucht es einen Blick auf die Eskalation in einer Verhandlung.

Beispiel: Mein Institut hat über einen langen Zeitraum einen komplexen Fall begleitet, bei dem weltweit an verschiedenen Gerichtsstandorten verhandelt wurde. Es ging um einen Milliardär, der bei seinem Tod ein recht vages und damit sehr interpretierbares Testament hinterließ.

Der Mann hatte mehrere Staatsbürgerschaften, Häuser und Wohnungen in verschiedenen Ländern, sein Sterbeort lag weder in einem der Länder, dessen Staatsbürgerschaft er besaß, noch an einem gemeldeten Wohnort. Allein die Klärung des Gerichtsstandes dauerte Jahre, und es wurde auch nie abschließend entschieden, welches Recht für dieses Testament anwendbar ist. Aufgrund äußerst kreativer und manchmal sogar krimineller Steuertricks konnte zudem das genaue Vermögen nie beziffert werden, es gab Kunstschätze über die ganze Welt verteilt und weitere Komplikationen.

Zwei Söhne, beide um die 50 Jahre, Single und kinderlos, waren seine Erben. Sohn Anton erhielt 500 Millionen und Sohn Bert ebenfalls 500 Millionen. Eigentlich lag der Gedanke nahe, dass man mit 500 Millionen gut über die Runden kommen könnte, zumal die beiden

Söhne bereits vor dem Tod des Vaters sehr vermögend waren – und das nicht, weil sie viel gearbeitet, sondern weil sie Zugriff auf das Vermögen des Vaters hatten: die Villa auf den Bahamas, das Penthouse in New York City, ein Townhouse in London …
Das Testament wurde verkündet, und die Eskalation nahm ihren Lauf. Anton hatte das Gefühl, dass er das Lieblingskind gewesen sei, und verlangte daher, dass Bert auf das Erbe verzichten solle. Bert habe sich schließlich nicht so intensiv um den Vater gekümmert, und außerdem habe der Vater Bert nicht so gerngehabt. Bert hingegen war überzeugt, dass er mit seiner Arbeit im Unternehmen das Vermögen vermehrt hatte. Deshalb auch seine Annahme, ihm allein gehöre die Milliarde.
Diese Forderungen standen also einander gegenüber: Anton wollte 1000 Millionen, und Bert sollte nichts bekommen. Bert hingegen wollte allein die 1000 Millionen, und Anton sollte leer ausgehen.

So die Ausgangslage. Anhand unseres »Negotiation Escalation Models« sehen Sie im Folgenden jeweils die allgemeingültigen Szenarien, und im Anschluss erfahren Sie, was im Fall von Anton und Bert passierte.

Element 1: Rechthaberei

Standpunkte verhärten sich, die jeweiligen Beteiligten haben das Gefühl, im Recht zu sein. Das führt logischerweise dazu, dass die jeweilige Gegenseite im Unrecht ist.

Große internationale Rechtsanwaltskanzleien werden eingeschaltet, und deren Topanwälte übernehmen den Fall. Die hinzugezogenen Anwälte bestätigen den Klienten in seiner Rechtsposition. »Lass mal gut sein …«, das kommt Anwälten nicht über die Lippen. Vielmehr sagen sie, dass man sich nie sicher sein könne, ob man höchstrichterlich hundertprozentig Recht zugesprochen bekomme. Aber man müsse mit aller

Macht gegen die unsinnigen Forderungen der Gegenseite vorgehen. Da beide Parteien von ihren Anwälten den gleichen Spruch zu hören bekommen, fühlen sich beide in ihrer Annahme wohl, im Recht zu sein, und beharren darauf, den Fall juristisch klären zu lassen.

Die Positionen werden zum wiederholten Male debattiert. Es bildet sich eine Polarisation im Denken, Fühlen und Handeln. Informationen werden erstmals nicht mehr offen auf den Tisch gelegt, sondern taktisch zum eigenen Vorteil benutzt. Die Standpunkte verhärten sich, denn die Debatten haben bisher keinen Erfolg gebracht. Man denkt: Die Gegenseite hat einfach nicht verstanden, dass wir im Recht sind.

Es bilden sich erste Subgruppen: Beteiligte, Anwälte, Experten und Familienmitglieder fühlen sich als Gruppe verbunden – man hat gemeinsame Interessen und Ziele.

Die Beziehung zwischen Anton und Bert wurde gestört, man traf sich nicht mehr so oft, man mied zu viel Kontakt. Die Anwälte wiesen zudem darauf hin, dass während des ab jetzt laufenden Verfahrens keine Kommunikation zwischen den Beteiligten stattfinden solle.
Es gab aber noch keine klare Lagerbildung, und es hätte noch die Möglichkeit bestanden, die Situation zu diskutieren und eine Lösung zu suchen. Da genug Geld in der Kasse war, wäre eine gesichtswahrende und für beide Seiten gewinnbringende Lösung noch möglich gewesen.
Doch Anton suchte Nähe zu den Personen, die seine Meinung bestätigten und nicht dagegen argumentierten. Bert tat das Gleiche. Beide wollten in ihrer eigenen, »richtigen« Meinung nicht mehr gestört werden – sie suchten nach Zuspruch und Rechtfertigung für das eigene Handeln. Da keine echte Notwendigkeit für eine Lösung bestand, nahm die Eskalation ihren Lauf.

Element 2: Aktionen

Reden hilft nicht mehr – es müssen Taten folgen. Es wird nicht mehr zugehört, man will ab jetzt auf gar keinen Fall mehr nachgeben – die Gegenseite solle gefälligst die eigene Meinung übernehmen.

Es wird Anklage erhoben, Schriftstücke werden versendet, Unterschriften werden geleistet. Doch sobald sich ein Konflikt verschriftlicht, wird es richtig schwierig. Gesprochene Worte kann man nämlich zurückholen, man kann sich entschuldigen, auf Missverständnisse hinweisen und wieder eine Brücke zur Gegenseite bauen. Auch der Schaden durch eine E-Mail oder eine WhatsApp-Nachricht ist noch einigermaßen leicht zu minimieren. Wenn jedoch das erste Dokument verschickt wird, sind wir nahe an Eskalationsstufe 3: Ein Dokument mit Unterschrift ist ein eingerammter Pfosten, der die Verhandlung beeinflusst. Das Schiff beginnt zu sinken.

> Anton ließ sich von einer großen Anwaltskanzlei beraten, und diese formulierte das erste Schreiben. Anton unterzeichnete es mit einer klaren Forderung. Bert musste nun ebenfalls eine Anwaltskanzlei beauftragen und dem Schreiben von Anton juristisch widersprechen.

Element 3: Freund oder Feind

Der Verhandlungspartner wird zum Verhandlungsgegner und damit zum Feind. Ab jetzt gibt es nur noch Freund oder Feind, nichts mehr dazwischen. Es wird um Anhänger für die eigene Koalition geworben, man sucht Unterstützung für den anstehenden Kampf. Ein wahnhaft übersteigertes Selbstbild braucht ein Feindbild.

Der Konflikt wird in die Öffentlichkeit getragen. Personen,

die bisher nicht involviert waren, werden aufmerksam. Die Dorfgemeinschaft, die Mitarbeiter des Unternehmens oder die Kunden bekommen den Konflikt zu spüren. Es entsteht bei allen Personen ein Gefühl der Unsicherheit, oft auch Unverständnis.

Anton versuchte, Familienmitglieder, Verwandte und Freunde für seine Sache zu vereinnahmen. Er meldete sich bei Verwandten und Bekannten, auch bei denen, zu denen seit Jahren kein Kontakt mehr bestand. Er warb für seine Sache und sprach schlecht über »Bert, den Feind«. Beschwichtigungsversuche der Verwandten und Freunde verhallten, die Zeit zum Zuhören war vorbei. Es wurde aufgerüstet, nicht verhandelt.

Bert tat seinerseits das Gleiche: Er scharte seine Unterstützer um sich. Familienmitglieder sahen sich plötzlich zwischen zwei Fronten, wo sie nicht hineingeraten wollten.

Neben den Brüdern rüsteten auch die Anwälte auf. Die Schreiben wurden aggressiver im Ton, die Vorwürfe lauter, und der Schriftverkehr nahm zu. Da Anwälte auf der Grundlage von Zeit und Schriftstücken verdienen, galt auch hier: Je mehr sie schrieben, desto höher fiel die Rechnung aus. So ein Fall wie dieser, da die Kanzleien um die großen Beträge und vor allem um liquide Mittel wussten, war für sie ein Geschenk des Himmels.

Manche fragten sich, warum man mit 500 Millionen nicht zufrieden sein konnte – selbst ohne irgendeinen Anteil an der Erbmasse ließe sich damit eigentlich ganz ausgezeichnet leben. Es gab ja bereits die Häuser auf den Bahamas, in New York und in London. Es gab auch genug liquide Mittel, also keinen Grund, auf dem Geld zu bestehen.

Das Geld war jedoch mittlerweile in den Hintergrund getreten. Egal, welche Summe man nun anbieten würde, sie würde abgelehnt werden. Irgendwelche Forderungen wurden zwar weiterhin ständig in den Raum gestellt, aber ein Bestandteil der Verhandlung waren sie

nicht mehr. Es ging nur noch darum, den Feind zu schlagen – der hatte es ja nicht anders verdient.
Die öffentliche Bloßstellung nahm neue Formen an: Gezielte Informationen an die Presse oder an die Mitarbeiter sorgten für eine noch größere Aufmerksamkeit und für noch mehr Unverständnis bei den umstehenden Personen.
Anton diffamierte Bert in der Öffentlichkeit und warf ihm vor, sich nie um den Vater gekümmert zu haben. Hingegen verschwieg er Berts Mitarbeit im Unternehmen. Es gab sogar erste »Exklusivinterviews«, bei denen Anton endlich »auspackte«: Er sprach über die Ungerechtigkeiten der Welt und zeigte seine Position als klares Bild. Es gab keine Grautöne mehr.
Bert sah sich dadurch zu einer Gegendarstellung gezwungen und gab seinerseits ein Interview, um die Geschichte aus seiner Position richtigzustellen. Die Presse freute sich – eine Schlammschlacht verkaufte sich immer.
Es gab kein Zurück mehr. Der Gesichtsverlust für beide Seiten war vorprogrammiert.

Element 4: Drohungen

Es bleibt nur noch die Flucht nach vorn. Die erste Drohung wird ausgesprochen, auf die prompt eine Gegendrohung folgt. Diese Gegendrohung führt zu einer weiteren Gegendrohung.

Was Anton und Bert in dieser Phase noch nicht wussten: Eine Drohung spricht nur jemand aus, der komplett verzweifelt ist. Was die beiden ebenso wenig wussten: Ihre Beziehung wurde wieder enger, weil sich eine neue Abhängigkeit bildete. Denn eigentlich wollten sie voneinander loskommen, verbanden sich mit jeder Drohung aber mehr miteinander.

Die Wechselseitigkeit der Drohung verlieh beiden das trügerische Bild, in einer mächtigen Position zu sein. Die Topanwälte der großen Kanzleien befeuerten das Spiel, denn sie verdienten ja prächtig daran. Alle umstehenden Personen sahen ein anderes Bild. Ungläubig betrachteten sie den fortschreitenden Machtverlust beider Parteien. Eine Einigung war nun in weite Ferne gerückt, der eigentliche Kampf begann.

Element 5: Machtkampf

Dem Feind muss geschadet werden. Es werden alle verfügbaren Waffen auf den Tisch gelegt – und auch benutzt. Die Angriffe werden immer persönlicher, es werden sogar Intimitäten und Geheimnisse aus einer zurückliegenden Beziehung veröffentlicht.

Mit jedem Treffer, der dem Feind schadet, entsteht ein Hochgefühl. »Dem haben wir es gezeigt!«, das wird zur Motivation im eigenen Team. Die Vernunft ist komplett ausgeblendet, man ist im Kampfmodus und Adrenalinrausch.

Der Feind wird empfindlich getroffen, jeder Sieg wird gefeiert. Manch ein Angriff geht auch schief und schadet der eigenen Sache. Aber das ist egal, denn ein Zurück ist nicht mehr möglich: Jetzt reicht es einfach, so geht das nicht mehr weiter, dem ganzen Theater muss ein Ende gesetzt werden. Die ultimative Bombe wird gezündet, die eigene Opferbereitschaft wächst: Man leidet gerne, wenn der andere noch mehr leidet.

Anton zeigte seinen Bruder bei der Steuerfahndung an. Die Ermittlungen begannen und brachten erste Erfolge, Bert wurde von den Behörden vorgeladen.

Bert sah nur noch den Ausweg, mit der Steuerbehörde zu kooperieren, um eine Gefängnisstrafe zu vermeiden: Deshalb belastete er Anton schwer. Bert sagte sich: »Der hat angefangen, das hat er verdient. Ich leide gerne, wenn er noch mehr leidet.«
Gegen Anton wurde ein internationaler Haftbefehl ausgestellt, der für bestimmte Staaten galt. Wollte Anton in diese Länder einreisen, würde er an der Grenze sofort festgenommen.
Die Staatsanwaltschaften dieser Länder wurden auf den Fall aufmerksam und schalteten sich ein. Denn schon der Vater hatte krumme Geschäfte gemacht, die jetzt verfolgt wurden. Polizei und Staatsanwalt wussten um die geschwächte Position der beiden Brüder und zogen den Fall des Vaters groß auf.
Durch diese Ermittlungen gerieten auch Anton und Bert in den Fokus der ausländischen Behörden. Die Falle schnappte zu, beide Brüder werden seitdem mit Haftbefehl gesucht und können sich nur noch in wenigen Ländern frei bewegen. Erhebliche Teile ihres Vermögens wurden von den Steuerbehörden eingefroren, die Brüder haben keinen Zugriff mehr auf das Geld.

Element 6: Streitsucht

Jetzt ist es auch schon egal, es kämpft »jeder gegen jeden«. Es gibt nur noch ein Ziel: die totale Vernichtung des Feinds – selbst dann, wenn man selbst mit untergeht. Dieses Ziel ersetzt alle anderen Ziele und wird zum alleinigen Lebensinhalt.

Anton verfügte über keine berufliche Perspektive, er hatte eh noch nie richtig gearbeitet. Seine Frau hatte sich schon vor Jahren scheiden lassen, alle darauffolgenden Beziehungen waren kurz und wenig erfolgreich, und Kinder hatte er keine. Es gab nur noch ein Thema, mit dem er sich tagein und tagaus beschäftigen konnte: die laufenden Prozesse gegen seinen Bruder.

Ein hoher mehrstelliger Millionenbetrag war über die Jahre an die Anwaltskanzleien geflossen. Seine Familienmitglieder hatten sich von ihm abgewandt, denn alle hatten Angst, in diesen Strudel gezogen zu werden. Niemand wollte, dass der eigene Name bei der Staatsanwaltschaft oder Steuerbehörde auftauchte.
Das gleiche traurige Spiel bei Bert: Auch bei ihm gab es nur noch einen Lebensinhalt.
Was würde nun passieren, wenn dieser Konflikt gelöst wäre? Anton und Bert hätten keinen Lebensinhalt mehr. Die Anwälte würden nicht mehr mit »Neuigkeiten« anrufen, es gäbe keine gerichtlichen Vorladungen mehr, gegen die man sich wehren müsste.
Die Presse hatte sich mittlerweile ebenfalls von den beiden Streithähnen abgewandt. Die Interviews wollte niemand mehr lesen, das Thema war in der Öffentlichkeit durch. Es blieb nur noch das morgendliche Öffnen der Briefe, die Telefonate mit den jeweiligen Anwälten, das Unterschreiben von wichtigen Dokumenten. Die juristische Auseinandersetzung konnte noch viele Jahre dauern.

Die Psychologie spricht von der »Streitsucht«, einer stark ausgeprägten Neigung, mit jemandem einen Streit anzufangen.

Ich war jahrelang bei der Drogenfahndung und habe ein genaues Bild von Abhängigen. Streitsüchtige ähneln diesen Drogenabhängigen sehr: Der Streit, die Auseinandersetzung mit dem Feind, wird zur Droge. Diese Droge übernimmt das komplette Denken, es gibt nichts mehr links oder rechts der Auseinandersetzung. Erfolge führen zu Adrenalinschüben und erhöhter Aufmerksamkeit, Niederlagen befeuern den Streit – jetzt erst recht.

Die Droge gibt die beste Ausrede, um keine Beziehung eingehen zu können oder auch um nicht arbeiten zu müssen. Der Drogenabhängige sagt zu den potenziellen Beziehungspartnern, dass im jetzigen Zustand eine Beziehung nicht möglich sei – erst nach einer Therapie. Doch es kommt nie zu einer

Therapie und nie zu einer Beziehung. Eine Droge ist die perfekte Ausrede.

> Im Fall von Anton und Bert wurde ich mit meinem Team von dem Treuhänder hinzugezogen, dessen Pflicht es war, das Familienvermögen zu schützen. Wir bekamen den Auftrag, mit Bert einen Verhandlungsprozess aufzubauen und zu einem Ergebnis zu gelangen.
> Wir sind dabei nicht als Mediatoren tätig. Ein Mediator geht zwischen die Parteien und möchte vermitteln. Wir machen das grundsätzlich nicht, denn wir sind Verhandlungsprofis und keine Mediatoren.

Element 7: Ermüdung

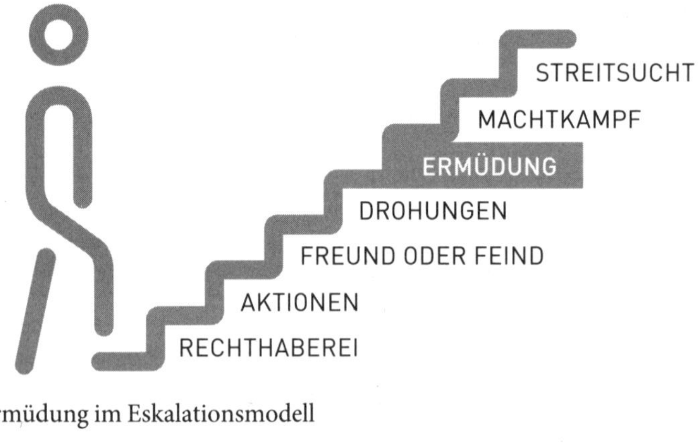

Ermüdung im Eskalationsmodell

In Business-Verhandlungen braucht es immer eine juristische Bewertung. Kein Vorstand eines Konzerns wird in einen Konflikt ziehen, ohne vorher eine rechtliche Würdigung vonseiten des internen Anwalts sowie zusätzlich einer externen Kanzlei eingeholt zu haben. Es werden ausschließlich Schriftstücke ausgetauscht, um juristisch auf der sicheren Seite zu sein. Denn aufgrund mancher rechtlichen Regelungen oder sonstiger Compliance-Vorschriften müssen Stellungnahmen immer in Schriftform versendet werden.

Element 2, »Aktionen«, ist in Unternehmen somit zwingend vorgeschrieben – ohne geht es nicht. Es kann keine Vereinbarung in Auseinandersetzungen zwischen Konzernen *vor* einer rechtlichen Würdigung und dem Austausch von Schriftstücken geben. Der Schlüssel zur Lösung liegt zwischen Element 4 und 5: Erst wenn der Konflikt an die Öffentlichkeit kommt, kann an einer Lösung gearbeitet werden. Ich nenne diesen Zustand an unserem Institut »Ermüdung«.

Die Konfliktparteien werden in der Öffentlichkeit bewertet, vor allem über die Social-Media-Kanäle. Die Kraft der sozialen Medien und der öffentlichen Bloßstellung ist enorm. Ein »Shitstorm« beispielsweise führt oft zu einem Umdenken in Konzernen. Irgendwann »reicht« es den Konfliktparteien. Vorstände der Konzerne erkennen dann:

- Eine juristische Auseinandersetzung wird lange dauern und viel Geld verschlingen. Es müssen Rücklagen gebildet werden, der Aufsichtsrat muss informiert werden.
- In den meisten dieser Konfliktfälle wird es keinen Richterspruch geben. Ein Urteil macht viel Arbeit und kann angefochten werden. Eine außergerichtliche Einigung, ein sogenanntes »Settlement«, ist deshalb der Schlusspunkt einer Auseinandersetzung – und ist nicht angreifbar.
- Ein nicht gelöster Konflikt schwächt die eigene Reputation. Aufsichtsräte denken: »Der Vorstand kriegt das nicht hin.«

Es wird nun also an einer außergerichtlichen Lösung gearbeitet, ein klassischer Fall einer Verhandlung.

> Ich arbeite mit meinem Team derzeit mit der Staatsanwaltschaft und der Steuerfahndung an neuen Konsequenzen für die beiden Parteien. Erst wenn der Druck noch größer wird, werden Anton und Bert wieder in die Verhandlung einsteigen.

Taktiken

Die Strategie ist die Leitlinie. Es braucht nun Taktiken, um ein Ergebnis innerhalb der Leitlinien zu erreichen.

So haben beispielsweise Verhandlungen mit Gewerkschaften eine eigene Dynamik. Es gibt einige sehr professionell agierende Gewerkschaften, die pragmatisch und mit klarer Strategie in den Verhandlungsprozess einsteigen. Hierbei wird hart verhandelt, die Öffentlichkeit wird eingebunden, und nach außen wird der Konflikt noch schwieriger dargestellt, als er ohnehin ist. Im abgeschirmten Verhandlungsraum wird hingegen ganz vernünftig verhandelt und nach Lösungen gesucht. Es gibt keine »Nacht der langen Messer«, sondern kritische Themen werden schon zu Beginn angesprochen.

Aber es gibt auch Gewerkschaften, die sehr ideologisch verhandeln. Dabei bedienen Sie Denkmuster, die in der Öffentlichkeit oft positiv wahrgenommen werden – »die da oben« … und »die Kapitalisten« müssen schließlich bekämpft werden. Die Ideologie steht im Vordergrund, nicht die bestmögliche Lösung für beide Seiten. Die Öffentlichkeit wird instrumentalisiert, das alte Spiel »David gegen Goliath« funktioniert immer noch. Es gibt frühe Festlegungen und Drohungen.

Mit den professionellen und pragmatischen Gewerkschaften kann man eine mögliche Lösung vorverhandeln. Man trifft sich vor der offiziellen Eröffnung und prüft verschiedene Optionen. Diese Phase wird »Sondierung« genannt. Dabei werden im Konjunktiv bestimmte Szenarien durchgespielt und auf ihre Umsetzbarkeit geprüft. Es gibt keine Konflikte und keinen Streit, sondern einen offenen Austausch über die Machbarkeit von Lösungen.

Für eine Sondierung braucht es ein gewisses Grundvertrauen, denn man muss sich sicher sein, dass eingebrachte Vorschläge nicht nach außen getragen werden. Es gibt ungeschriebene Regeln, dass beispielsweise in der Sondierung eingebrachte Ideen nicht gegen eine Partei verwendet werden dürfen. Mögliche Lösungen sind nicht gerichtsverwertbar, das heißt, dass die Gegenseite einen Vorschlag nicht einklagen kann. Eine Sondierung will gelernt sein, und nur sehr wenige Verhandlungspartner sind in der Lage, eine solche durchzuführen. Wer dieses Abtasten nicht beherrscht, steigt zu früh in die Verhandlung ein und beginnt den Konflikt, bevor man alle Informationen getestet hat.

Beispiel: Wir haben eine Verhandlung für einen Arbeitgeberverband über den Zeitraum von einem Jahr begleitet. Wir begannen im November mit der Vorbereitung, sondierten im darauffolgenden Frühjahr, stiegen im September in die Verhandlung ein und bogen im November in die Sackgasse ab. Diese Sackgasse hatten wir mit der Gegenseite bereits im Frühjahr sondiert und die Wege, um aus ihr wieder herauszufinden, vorbesprochen.
Wie Sie sicherlich bemerken, braucht es dafür wirklich Vertrauen unter den Beteiligten – man muss sich auf die Gegenseite verlassen können. Und es ist natürlich wichtig, dass nur sehr wenige Leute an einer Sondierung beteiligt sein dürfen. Wenn zu viele Beteiligte von den möglichen Lösungen wissen, werden diese Informationen schnell öffentlich – die Sondierung ist damit gestorben.

Es gibt häufig den Vorwurf, dass in sogenannten »Hinterzimmern« verhandelt werde und es Geheimabsprachen gebe. Wer so argumentiert, verkennt die Wichtigkeit des Beziehungsaufbaus und des Auslotens von Möglichkeiten. Wer sich in einer Sackgasse ohne eine vorherige Sondierung befindet, kann keine Informationen mehr austauschen. Und in einer Eskalationssituation ist der Informationsaustausch nicht mehr möglich. Oder in anderen Worten: Es darf nur dann in eine Sackgasse abgebogen werden, wenn alle notwendigen Informationen bekannt sind.

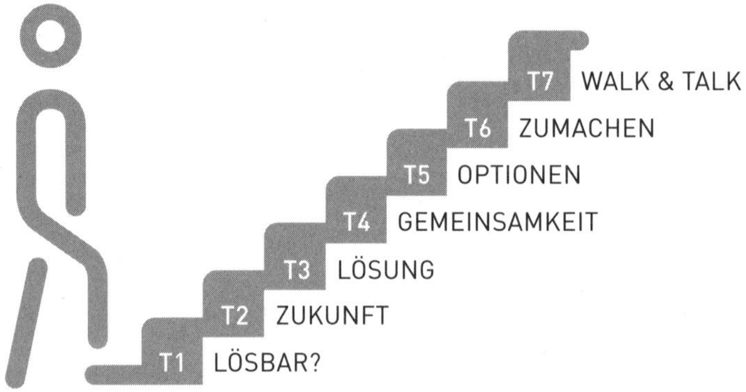

Die sieben Taktiken

Das sind einige der Taktiken, die ich bisher in diesem Buch vorgestellt habe: die Definition des Maximalziels, die Definition des Minimalziels, Teamaufstellung nach den FBI-Prinzipien, das Erarbeiten der Forderungen, die Priorisierung der Forderungen, das Setzen der Agenda, »Put the fish on the table« oder die Kooperation im Konjunktiv anbieten. Die folgenden Taktiken sind meine Lieblingstaktiken – nicht immer einfach, jedoch immer sehr effektiv.

- *Taktik 1:* Was ist jetzt lösbar?
- *Taktik 2:* Nur die Zukunft zählt.

- *Taktik 3:* Nur die Lösung zählt.
- *Taktik 4:* Gemeinsamkeiten statt Differenzen.
- *Taktik 5:* Optionen statt Angebote.
- *Taktik 6:* Zumachen und nicht abwarten.
- *Taktik 7:* Walking & Talking.

Taktik 1: Egon-Bahr-Taktik

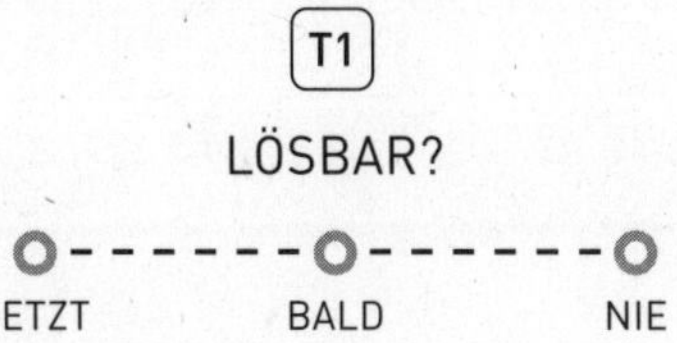

Was ist jetzt lösbar?

Egon Bahr war »der« Verhandlungsführer an der Seite des früheren Bundeskanzlers Willy Brandt. Nach dem Bau der Berliner Mauer gab es eine sehr starke öffentliche Meinung gegen die damalige Sowjetunion. Gespräche wurden offiziell vermieden, eine weitere Eskalation und ein neuer Weltkrieg standen im Raum.

Bahrs Motto lautete »Wandel durch Annäherung«, und sein Prinzip war, ständig im Kontakt mit der anderen Seite und damit im Gespräch zu bleiben. Egon Bahr hatte während der Teilung Deutschlands die Frage, ob man die DDR als eigenständigen Staat anerkennen soll, ausgeklammert und mit kleinen, nicht ideologisch besetzten Elementen die Verhandlungen begonnen. Er hatte folgendes Konzept:

- Was ist jetzt lösbar?
- Was ist bald lösbar?
- Was ist jetzt nicht lösbar?

In der Gewerkschaftsverhandlung hatten wir uns während der Sondierung bereits darauf verständigt, dass Ideologien keinen Platz in der Verhandlung einnehmen sollten. Festgefahrene Ansichten gibt es ja auch auf Arbeitgeberseite, und diese sind genauso schwierig zu handhaben.

Verhandlungstipp
Klammern Sie Grundsatzfragen, Prinzipien und ideologisch besetzte Positionen bei Verhandlungsbeginn aus.
Starten Sie mit Forderungen, die jetzt umsetzbar sind.
Vermeiden Sie außerdem Diskussionen. In Ideologien gibt es Recht und Unrecht, und beide sind nicht hilfreich bei der Lösungsfindung.

Taktik 2: Zukunft

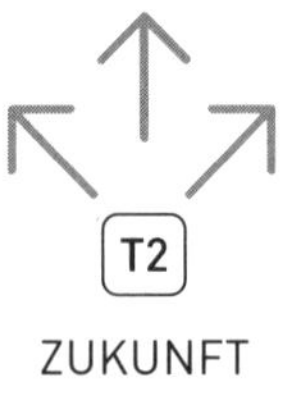

Nur die Zukunft zählt

Der Rest unseres Lebens findet in der Zukunft statt. Eigentlich eine banale Feststellung, und dennoch wird in vielen Verhandlungen die Vergangenheit diskutiert. An unserem Institut nennen wir dieses Phänomen den »Palästina-Effekt«. Der Konflikt zwischen Israel und Palästina wäre einfach zu lösen, wenn man die Vergangenheit nicht immer wieder thematisieren würde.

Aristoteles sagt dazu, stark vereinfacht natürlich:

- Wer über die Vergangenheit verhandelt, redet über Schuld.
- Wer die Gegenwart verhandelt, redet über Werte.
- Wer die Zukunft verhandelt, spricht über Optionen und Wahlmöglichkeiten.

Bei Gewerkschaftsverhandlungen kommen oft Verhandlungsführer zusammen, die sich seit vielen Jahren kennen. Das kann ein Vorteil sein, muss es aber nicht. Es gibt fast immer eine negative Historie, und man ist geneigt, in einer emotionalen Phase die Verfehlungen der Gegenseite anzusprechen: »Sie haben doch damals gesagt …« Und dann eskaliert die Verhandlung. Es muss vor der Verhandlung deutlich gemacht werden, dass die Zukunft verhandelt wird und Rückgriffe auf die Vergangenheit nicht geduldet werden.

Verhandlungstipp

Sprechen Sie *nie* über die Vergangenheit, nie über Schuld. Machen Sie keine Vorwürfe und keine Anschuldigungen. Fokussieren Sie sich vielmehr auf Optionen und die Möglichkeit der Auswahl. Bleiben Sie immer positiv, gerade dann, wenn Ihr Gegenüber negativ argumentiert.

Taktik 3: Lösung

T3

LÖSUNG

Nur die Lösung zählt

Sobald Sie angefangen haben, über eine mögliche Lösung in der Zukunft zu sprechen, gibt es kein Zurück mehr. Sie öffnen das Fenster zu einer Gemeinsamkeit und sind ab jetzt verpflichtet, dieses Fenster offen zu halten. Wer einmal positiv beginnt, darf nicht mehr negativ werden.

Ich stelle oft fest, dass Verhandlungspartner hin- und herschwanken und sich zwischen positiven und negativen Signalen aufreiben. Doch dieses Hin und Her schürt bei der Gegenseite ein großes Unverständnis und vor allem Unsicherheit. Worauf kann man sich nun verlassen? Was will die andere Partei wirklich? Diese Taktik ist unglaublich wichtig und sehr schwer umzusetzen.

Bei Verhandlungen mit Gewerkschaften kommen oft negative Szenarien auf den Tisch. »Dann müssen wir hier abbrechen« oder »Unser Gremium wird diesen Punkt nicht mittragen« sind häufig benutzte Stolpersteine.

> **Verhandlungstipp**
> Sobald der Ball losgerollt ist, darf er nicht mehr gestoppt werden. Es geht nun darum, die Dynamik beizubehalten und immer wieder positiv auf die Zukunft zu verweisen.
> Selbstredend sind ab jetzt das Aufzeigen von negativen Konsequenzen und das Aussprechen von Drohungen nicht mehr erlaubt.

Taktik 4: Gemeinsamkeit

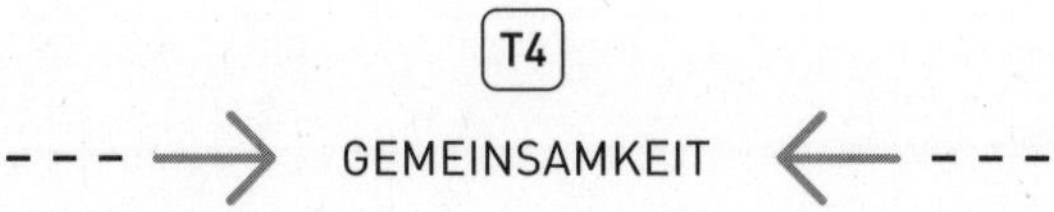

Gemeinsamkeiten statt Differenzen

Es ist erstaunlich, wie viele Verhandlungspartner über den Konflikt sprechen, jedoch nicht über den Grund der Verhandlung – nämlich den Willen, ein Ergebnis zu erzielen. Eine Verhandlung ist eine Kombination von Konflikt und gegenseitiger Abhängigkeit. Da in einer Verhandlung der Konflikt sichtbar ist, muss er nicht mehr betont werden.

> Es braucht immer jemanden, der das große Bild der Verhandlung in den Vordergrund stellt und den Willen zu einer gemeinsamen Lösung hochhält. Deshalb ist gerade bei Verhandlungen mit Gewerkschaften der Commander wichtig: Beide Commander sprechen über Gemeinsamkeiten und bleiben so in einem positiven Fahrwasser.

Verhandlungstipp
Hinweise auf den Konflikt sind deshalb nicht angebracht. Aussagen wie »Wir sind weit auseinander« sind nicht hilfreich. Besser ist der Hinweis auf Gemeinsamkeiten.

Taktik 5: Optionen

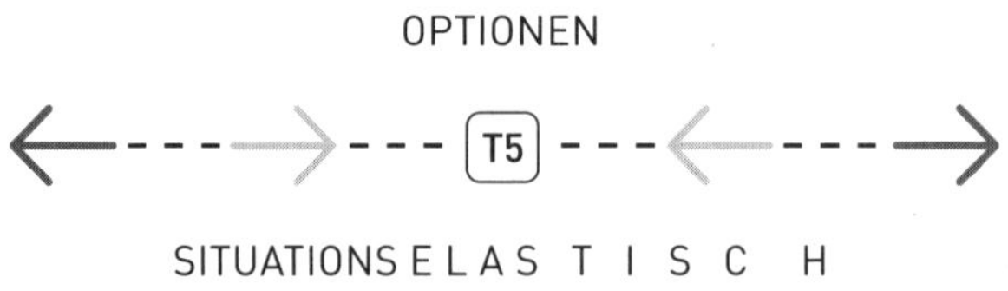

Optionen statt Angebote

Gerade im deutschsprachigen Kulturraum gehen wir gerne mit einer vorgefertigten Lösung an den Verhandlungstisch. Wir machen uns also nicht nur Gedanken, was wir wollen, sondern überlegen uns zusätzlich, was gut für die Gegenseite ist. Wir sind stolz darauf, alle Inhalte bedacht und ausgearbeitet zu haben.

In einer Verhandlung stellen wir die Lösung vor – und sind bitter enttäuscht, wenn die Gegenseite unsere Genialität nicht erkannt hat und unsere gut gemeinte Lösung nicht annimmt.

Der ehemalige österreichische Verteidigungsminister Gerald Klug hat den schönen Begriff »situationselastisch« geprägt. Wir machen keine Lösungsvorschläge, sondern entwickeln »situationselastisch« gemeinsame Optionen.

Gerade wenn ideologisch orientierte Verhandlungspartner am Tisch sitzen, ist es enorm wichtig, gemeinsam Optionen zu entwickeln. Wer bei Gewerkschaften mit Lösungen ankommt, wird scheitern. Menschen möchten eingebunden werden und nicht vor vollendete Tatsachen gestellt werden und dann entscheiden müssen.

Verhandlungstipp
Bieten Sie nie eine Lösung an, sondern skizzieren Sie mögliche Optionen. Sie legen am Ende der Verhandlung, nachdem alle Topics besprochen wurden, Ihre Unterlagen weg und holen ein leeres Blatt Papier hervor. Sie sagen: »Wir würden gerne zusammen mit Ihnen einen möglichen Lösungsweg skizzieren.«
Erarbeiten Sie gemeinsam mit der Gegenseite mögliche Optionen, bewerten Sie diese gemeinsam und einigen Sie sich.

Taktik 6: Zumachen

Zumachen und nicht abwarten

Die Einigung ist nun greifbar nahe und darf jetzt nicht mehr aus der Hand gegeben werden.

In manchen Kulturen und Konzernen gibt es den »Handschlag« als Bestätigung. Wenn dies der internen Compliance-

Abteilung und den Juristen ausreicht, dann gerne. Lassen Sie sich auf gar keinen Fall auf »Protokoll-Pingpong« ein, dem Nachsenden von Vereinbarungen nach einer Verhandlung. Sie bekommen meist eine abweichende Darstellung zurück, beispielsweise: »Bei Punkt 128 im zweiten Absatz war doch der Geist der Vereinbarung ein anderer …« Und das Pingpong beginnt.

Dieser Punkt ist bei Gewerkschaften sehr schwer umsetzbar. Verhandlungsteams berufen sich häufig auf das Gremium, das final über die Umsetzung entscheiden wird. Aufgrund meiner Erfahrung ist dieses Argument vorgeschoben, um sich Verhandlungsoptionen offenzuhalten. Gerade bei Gewerkschaften braucht es eine konkrete Zusammenfassung, um Interpretationen auszuschließen. Eine konkrete Zusammenfassung kann dem Gremium präsentiert werden, und damit wird eine Entscheidung vorangetrieben.

Verhandlungstipp

Fassen Sie die besprochenen Optionen nochmals zusammen, und sagen Sie konkret, was vereinbart ist. Es darf zu diesem Zeitpunkt keine Missverständnisse mehr geben.

Schreiben Sie die Einigung in eine E-Mail, und lassen Sie sich diese noch im Raum bestätigen. Verlassen Sie nie einen Verhandlungsraum ohne schriftliche Bestätigung der Vereinbarung.

Taktik 7: Walking & Talking

Walking & Talking

Es gibt oft in der letzten Minute der Verhandlung die sogenannte »chaotische Phase«. Manche Verhandlungspartner haben Angst vor einer finalen Entscheidung und versuchen auszuweichen. Sollte diese Situation eintreten, dürfen Sie keinen weiteren Druck aufbauen – »Jetzt unterschreiben Sie doch!« –, sondern müssen den Druck rausnehmen. Die beste Option ist hier »Walking & Talking«.

Diese Taktik habe ich bei Verhandlungen in Italien kennengelernt. In dieser kritischen Phase kommt der Vorschlag, gemeinsam einen Espresso zu trinken. Man geht nicht vor den Verhandlungsraum wie in Deutschland, sondern man verlässt das Gebäude und macht sich auf den Weg zu einer Espressobar. Dabei besucht man nicht die nächstgelegene, sondern eine Bar, die etwas weiter entfernt liegt.

In Italien habe ich auch die Aussage »procedere con carita« gelernt, was so viel wie »mit Nachsicht vorgehen« bedeutet. Das heißt, eben keine Vorwürfe zu machen, sondern positiv zu bleiben und eine Einigung herbeizuführen.

> Da ich selbst ein großer Liebhaber eines guten Espressos bin, empfehle ich diese Taktik sehr gerne. Es ist wichtig, wieder in Bewegung zu kommen und ein bisschen Abstand zu den besprochenen Punkten zu finden. Da sich Verhandlungen mit Gewerkschaften meist über einen langen Zeitraum hinziehen, ist es immer angebracht, mit Wal-

king & Talking wieder Ruhe einkehren zu lassen und mit neuen Gedanken an den Verhandlungstisch zurückzukehren.

Verhandlungstipp

Auf dem Weg zur Bar wird nicht über die Verhandlung gesprochen. Es geht um andere Themen wie Sport oder Essen. In der Bar angekommen, trinkt man erst einmal einen Espresso.

Auf dem Rückweg spricht man über die möglichen Optionen zur Einigung und einigt sich beim Bewegen und Sprechen abseits der eigentlichen Verhandlung.

PRINZIP 4
Eskalation: Die Wege aus der Sackgasse

»Mut ist die wichtigste menschliche Stärke, weil er die Grundlage für alle anderen Stärken darstellt.«

Winston Churchill

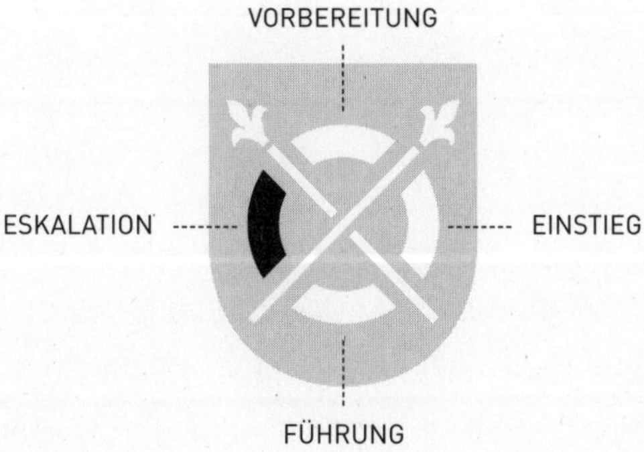

Einigung und Nichteinigung

In der Politik ist es der Krieg, im Business die Insolvenz und in der privaten Beziehung die Scheidung: Wenn sich Verhandlungspartner nicht einigen können, hat das weitreichende Konsequenzen. Obwohl diese Nichteinigung schmerzhaft ist, fehlt es oft an dem Willen, sich doch noch zu einigen.

Ich habe die Erfahrung gemacht, dass die Konsequenzen einer Nichteinigung völlig unterschätzt werden. Manche Leute glauben tatsächlich, dass ein Problem gelöst wird, wenn man vom Verhandlungstisch aufsteht, und dass dann keine weiteren Folgen drohen. Dem ist nicht so. Aufgrund der Abhängigkeit zwischen den Parteien wird es immer weitere Konsequenzen geben.

Politik

Die Verhandlungen der Europäischen Union mit Großbritannien über den Brexit haben den Willen zu einer Nichteinigung auf beiden Seiten klar gezeigt. »Nicht zu jedem Preis«, das wurde oft gesagt – der Preis für eine Einigung war beiden Parteien zu hoch. Einer Nichteinigung folgte in der Vergangenheit meist der Krieg: ein Handelskrieg, ein Zollkrieg und vielleicht sogar ein Aufflammen der Gewalt an der Grenze zwischen der Republik Irland und Nordirland. Die Sprache der Verhandlungsparteien war sehr martialisch und von komplett fehlender Kooperationsbereitschaft geprägt.

Interessant sind auch die Verhandlungen der Schweiz mit der EU über das sogenannte Rahmenabkommen: Auch hier ist auf allen Seiten scheinbar die »Schmerzgrenze« erreicht – weitere Kooperationen werden von beiden Parteien ausgeschlossen.

Begleitet werden diese Verhandlungen von einer interessierten Öffentlichkeit, die mit mehr oder weniger Verständnis das Verlassen des Verhandlungstischs verfolgt. Ich wollte gerade schreiben: mit mehr oder weniger Verständnis das »Scheitern« verfolgt. Aber ist es denn ein Scheitern, wenn Verhandlungen ohne Ergebnis, ohne Einigung abgebrochen werden? Ist es ein Scheitern oder ein bei vollem Bewusstsein herbeigeführtes Szenario?

Politiker sprechen nicht vom »Scheitern«, sondern vom »Versagen der Gegenseite«. Gescheiterte Verhandlungen sind die beste Möglichkeit, sich selbst in ein positives Licht zu setzen und dem Gegenüber die Schuld zuzuschieben. Ich glaube mittlerweile sogar, dass ein Scheitern von Verhandlungen in der Politik zum Selbstzweck geworden ist. Oder haben Sie schon einmal einen Politiker gehört, der eigene Verhandlungsfehler zugegeben hat? Hat schon mal jemand gesagt, dass mit einer besseren Vorbereitung auf der eigenen Seite ein besseres Ergebnis erzielt worden wäre? Oder mit einem anderen Verhandlungsteam eine Eskalation vermeidbar gewesen wäre? Nein, die andere Partei hat Schuld und wird öffentlich dafür zur Verantwortung gezogen. Viele Politiker starten also eine Verhandlung, damit sie scheitern. Und dieses Scheitern wird zum eigenen Vorteil benutzt, um sich selbst in ein besseres Licht zu rücken.

Verhandlungstipp
Beobachten Sie politische Verhandlungen, und achten Sie vor allem auf die Konsequenzen einer Nichteinigung. Sie können daraus lernen, wie unkontrollierbar die kommenden Szenarien werden.

Business

Eine Nichteinigung im Business hat genauso gravierende Konsequenzen.

Beispiel: Wir unterstützen einen europäischen Konzern gegen einen amerikanischen. Die Entscheidung über eine Einigung oder Nichteinigung wird von einem Vorstandsvorsitzenden getroffen, der diese vor seinem Aufsichtsrat erklären und gegebenenfalls rechtfertigen muss. Ein solches Kontrollgremium fragt natürlich nach, ob alle Möglichkeiten geprüft und richtig bewertet wurden. Die wichtigste Frage

zielt immer in Richtung einer juristischen Bewertung: Ist diese Entscheidung rechtlich in Ordnung, oder sind rechtliche Konsequenzen zu befürchten?
Interessant ist dabei, dass der Wille zu einer Einigung sehr viel weniger ausgeprägt ist als der Wille zu einer Nichteinigung. Bei einer Einigung muss man einen Schritt auf die Gegenseite zugehen, man muss etwas anbieten und die Kooperationsbereitschaft erhöhen. Aber gerade dieser Schritt hat rechtliche Konsequenzen, die von Juristen höchst sensibel bewertet werden. Ein Vorstandsvorsitzender fragt also vor der finalen Entscheidung den Chefjustiziar, ob dieses Zugehen auf die Gegenseite irgendwelche Folgen haben könnte. Der Vorstandsvorsitzende wird nicht gegen den Rat seines »Legal Council« vorgehen und sich gegen die juristischen Bedenken stellen. Er müsste ja dann auch vor dem Kontrollgremium erklären, warum er diese Einwände überstimmt hat.

Ich behaupte, große Konzerne werden nicht mehr von einem Vorstand gelenkt, sondern von den Hausjuristen. Juristen sind die wahren Entscheider geworden, die ihre Macht spüren und nicht mehr gewillt sind, diese abzugeben.

Verstehen Sie mich bitte nicht falsch: Eine juristische Bewertung durch einen internen und externen Rechtsexperten ist enorm wichtig und oft sogar vorgeschrieben. Aber sie ist nur eine Perspektive – und es gibt noch andere ebenso wichtige Sichtweisen. Ein Vorstand und deren Vorstandsvorsitzende sollten also die Meinung ihrer Juristen einholen, diese bewerten und dann unter Berücksichtigung aller Perspektiven eine Entscheidung treffen.

Verhandlungstipp
Entscheiden Sie nie aufgrund nur einer einzigen Sichtweise. Holen Sie alle relevanten Meinungen ein, priorisieren Sie diese, und gleichen Sie die Prioritäten mit dem Unternehmensziel ab. Hat beispielsweise das Wachstum des Unternehmens die höchste Priorität, muss man mit bestimmten Risiken leben können.

Im beschriebenen Fall wäre ein kleiner Schritt in Richtung der Gegenseite notwendig und sogar möglich. Doch die Juristen hatten sich zwischenzeitlich in Stellung gebracht und darauf hingewiesen, dass dieser Schritt einen Präzedenzfall darstellen könnte – und dessen Folgen wären möglicherweise weitreichend und schwer einschätzbar. Deshalb hat unser Entscheider wieder einen Rückzug angetreten.
Die Einigung war greifbar nahe, die Vorteile der Einigung überlagern die Nachteile ganz deutlich. Doch wer entscheidet sich schon gegen den Rat seiner Juristen? Damit wird wohl eine große Chance zur Weiterentwicklung des Unternehmens nicht genutzt. Das »Window of Opportunity« wird nicht mehr lange offen stehen, und dieser Fall wird mit einer Nichteinigung zu den Akten gelegt.
Da diese beiden Konzerne sich nicht allein im Markt bewegen, werden andere Mitspieler, die mutiger Entscheidungen treffen, diese Vorteile nutzen und die vergebene Chance meines Kunden zu deren Vorteil nutzen.

Privatleben

Die Nichteinigung in privaten Verhandlungen führt oft zu einer totalen Zerstörung von Beziehungen, zu jahrelangem und teilweise über Generationen gepflegtem Hass. Erbfälle, Scheidungen oder Fragen der Unternehmensnachfolge spalten Familien und sorgen für höchst emotionale Langzeitschäden.

In den bisher von mir begleiteten Familienstreitigkeiten habe ich unglaublich viel Enttäuschung und Hass erlebt. Die betroffenen Familienmitglieder sind dermaßen tief emotional berührt, dass eine friedliche Lösung kaum mehr vorstellbar ist. Der Konflikt wurde meist über viele Jahre nicht angesprochen und, als er doch irgendwann einmal angesprochen wurde, nicht gelöst. Die Eskalation nahm ihren Lauf und wurde nicht rechtzeitig gestoppt. Eine Einigung war nicht mehr möglich, und die Konsequenzen waren verheerend.

Beispiel: Tief beeindruckt hat mich ein Kunde, der ein Unternehmen von seinem Vater übernommen und viele Jahre erfolgreich geführt hatte. Aufgrund eines anderen, nebensächlichen Vorfalls wollte seine Schwester plötzlich Anteile des Unternehmens übernehmen. Rein rechtlich gab es keine Verpflichtung, diese Anteile an die Schwester zu veräußern, aber mein Kunde wollte keinen Krieg innerhalb der Familie und stimmte zu. Nachdem er die Anteile übertragen hatte, wollte die Schwester jedoch noch mehr, was einen erheblichen Einfluss auf das Unternehmen gehabt hätte. Die Eskalation nahm ihren Lauf: Die Schwester holte die Mutter ins Boot und brachte sie gegen den Bruder in Stellung. Nach vielen Jahren erbitterten Streits und vielen erfolglosen Gerichtsverhandlungen wurde ich engagiert.

Ich machte den Vorschlag, sich mit der Mutter auszusöhnen, da diese nicht die treibende Kraft war, und so eine Dynamik für die folgende Verhandlung entfachen zu können. Der Unternehmer sagte, er habe sich von seiner Mutter »entliebt« – also das Gegenteil von verlieben. Dieses Wort »entlieben« traf mich sehr: Sich von der eigenen Mutter so sehr zu distanzieren, dass man keine Gefühle mehr für sie empfindet – das mochte ich mir nicht vorstellen.

Aber das war nun einmal die Ausgangssituation – und so zog ich mit meinem Team mit allen Machtmitteln gegen die Schwester und die Mutter ins Feld. Dieser Fall ist noch nicht beendet – aber am Ende

wird es ein emotionales Schlachtfeld sein, mit einer Zerstörung aller noch vorhandenen Beziehungen.
Meine Verantwortung als Berater besteht darin, das Unternehmen zu retten. Sehr viele Arbeitsplätze sind in Gefahr, und die Firma muss schnell wieder handlungsfähig werden. Deshalb muss dieser Konflikt jetzt gelöst werden – und wir werden ihn lösen.

Verhandlungstipp
Am Ende des Tages ist es immer die gleiche Entscheidung. Was ist Ihnen wichtiger: das Erreichen des Verhandlungszieles oder die Beziehung zur Gegenseite? Wenn Sie Ihr Ziel erreichen möchten, müssen Sie mit einer – wenn auch nur kurzfristigen – Beschädigung der Beziehung zur Gegenseite leben können. Wenn Ihnen die Beziehung wichtiger ist, müssen Sie auf die konsequente Umsetzung Ihres Ziels verzichten.

Die Einigung

Sollten Sie sich einigen?

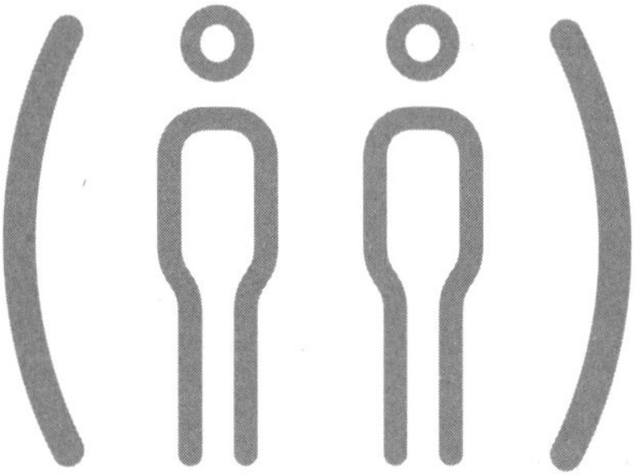

Mit Kooperationsbereitschaft zur Einigung gelangen

Ja, das sollten Sie. Für eine Einigung müssen Sie die Kooperationsbereitschaft erhöhen und über den eigenen Schatten springen. In schwierigen Verhandlungen gibt es kein Win-win, kein supertolles Ergebnis mit Champagner und einer großen Party. Im Gegenteil: Die Einigung ist mit Schmerzen verbunden, mit Zugeständnissen, die Sie eigentlich nicht machen wollten. Es gibt aber einen riesigen Vorteil: Der Konflikt ist gelöst, und Sie haben endlich wieder Zeit für die schönen Dinge des Lebens.

Ich bin Schweizer, und in der Schweiz gibt es den sogenannten Friedensrichter. Dieser ist der Gerichtsbarkeit vorgeschaltet. Die betroffenen Parteien werden vor einem Gerichtsverfahren eingeladen, und es werden alle Seiten gehört. Der Friedensrichter unterbreitet daraufhin einige Vorschläge, wie sich der Konflikt lösen ließe.

Ein großer Vorteil dieses Verfahrens ist, dass die Gerichte entlastet, lange Prozesse vermieden und die Parteien nicht finanziell belastet werden. Es gibt aber noch einen viel wichtigeren Grund: Es wird Frieden hergestellt. Wenn beide Parteien den Vorschlag des Friedensrichters angenommen haben, gibt es ein kurzes Protokoll – und kein Urteil und somit keinen Verlierer. Die Parteien schauen sich in die Augen, geben sich die Hand und erklären den Konflikt für beendet. Es herrscht wieder Friede, und alle können sich nunmehr den schönen Seiten des Lebens widmen.

Verhandlungstipp

Wenn Sie sich mit Ihrem Verhandlungspartner einigen, dann sollte Ihr Gegenüber das Gefühl des Siegs davontragen.

Wenn Ihr Gegenüber nach einer langen, intensiven und aufreibenden Verhandlung doch noch ein Ergebnis erreicht, so sollten Sie ihn genau dafür loben: Loben Sie die Ausdauer, das Dranbleiben, das Nicht-aufgeben-auch-wenn-es schwierig-wird. Sprechen Sie Anerkennung dafür aus, den Konflikt bis in die Tiefe durchdacht und gelöst zu haben. Sagen Sie, dass Sie nie mehr gegen ihn verhandeln möchten, weil diese konsequente Verhandlungsführung auch Sie an Ihre Grenzen gebracht hat.

Benutzen Sie Formulierungen wie diese: »Nach einer langen und fairen Auseinandersetzung haben wir beide ein Ergebnis erreicht, das ich eigentlich nicht verantworten kann. Für dieses Ergebnis werde ich intern eine sehr starke Gegenwehr bekommen, eventuell wird auch meine Karriere Schaden nehmen. Mir ist aber unsere Partnerschaft so wichtig, dass ich über meinen Schatten gesprungen bin und dieses Ergebnis – auch mit Bauchschmerzen – ermöglichen konnte.«

Wenn Sie die Pressekonferenzen von Tarifparteien angehört haben, kommen Ihnen solche Formulierungen bekannt vor. Arbeitgeber überreichen die Lorbeeren immer der Gewerkschaft: »Die Arbeitgeberseite hat sich nach langen und harten Verhandlungen der

Gewerkschaft gebeugt, weil die Mitarbeiter das wichtigste Gut sind …«
Sie wissen aber: Die Dosis macht das Gift. Übertreiben Sie es also nicht mit solchen Formulierungen, sondern machen Sie einfach nur deutlich, dass die Gegenseite gewonnen hat.

Bedenken Sie auch, dass die Gegenseite nach einer Verhandlung das Ergebnis noch intern vor irgendwelchen Kontrollgremien präsentieren und vielleicht sogar rechtfertigen muss. Sorgen Sie also dafür, dass sich Ihr Gegenüber wie ein Sieger fühlt. Nur mit diesem Gefühl kann er die anschließende interne – und vor allem oft sehr schwierige – Verhandlung meistern. Ich empfehle deshalb immer, Ihrem Gegenüber eine »Victory-Speech« zu schreiben.

Verhandlungstipp
Sagen Sie am Ende einer Verhandlung noch mal explizit, was genau Ihr Gegenüber erreicht hat. Fassen Sie das nochmals schriftlich zusammen, damit Ihr Verhandlungspartner es intern vorzeigen kann.

Beispiel: Machen Sie es auf gar keinen Fall wie zwei Key-Account-Manager meines Kunden. Nach einer harten Verhandlung mit dem Einkaufsleiter gingen die beiden auf den Parkplatz und beglückwünschten sich mit »High Five«. Grinsend stiegen beide in ihre Autos. Das Grinsen dauerte jedoch nicht lange, denn der Einkaufsleiter hatte beide Key-Account-Manager beobachtet und sie noch im Auto angerufen: Sie sollten doch bitte wieder zurückkehren, er habe das Gefühl, dass die Preisfindung noch nicht beendet sei.

Haben Sie alles versucht?

Wenn einer meiner Kunden auf Krieg besteht, keine Lösung will und die Nichteinigung vorantreibt, stelle ich immer diese eine Frage: Haben Sie alles versucht? Ich frage dann weiter: Haben Sie alle Möglichkeiten und Optionen geprüft? Ist das, was Sie hier vorhaben, wirklich sinnvoll?

Vielleicht kennen Sie das Zitat von Václav Havel, dem Schriftsteller und ehemaligen Präsidenten der Tschechischen Republik: »Hoffnung ist nicht die Überzeugung, dass etwas gut ausgeht, sondern die Gewissheit, dass etwas Sinn hat, egal wie es ausgeht.« Haben Sie die Gewissheit, dass dieses Vorgehen sinnvoll ist?

Oder in anderen Worten: Sie können die Nichteinigung anstreben, auch einen Krieg in der Politik, im Business oder im privaten Leben herbeiführen – aber erst, wenn Sie alles versucht haben, um eine Einigung zu erreichen. Sie brauchen das Gefühl, wirklich alles getan zu haben, bevor Sie in den Krieg ziehen. Wenn Sie dieses Gefühl nicht haben, werden Sie im Krieg einbrechen. Sie werden die Sinnhaftigkeit infrage stellen, der Gegner wird das bemerken und massiv gegen Sie vorgehen.

Verhandlungstipp

Erst wenn Sie wirklich alles versucht haben, eine Einigung herbeizuführen, und diese nicht möglich war, sollten Sie die Nichteinigung vorbereiten.

Die Welt nach einer Nichteinigung wird eine andere sein, als Sie sie bisher kannten. Es wird nichts mehr sein, wie es vorher war.

Die Nichteinigung

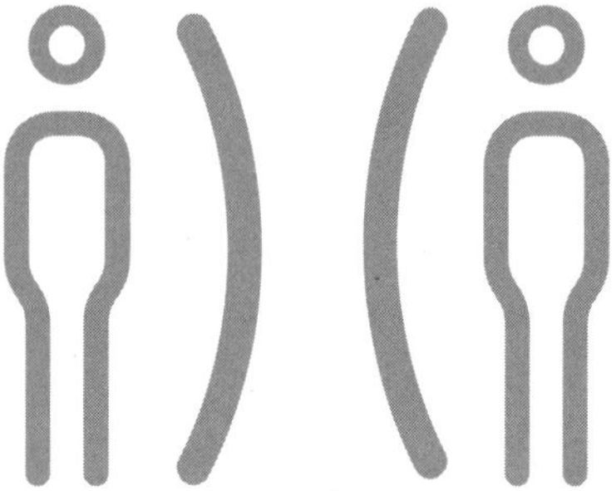

Beharren auf eigenen Positionen führt zur Nichteinigung

Wenn Sie sich mit Ihrem Verhandlungspartner nicht einigen können, muss eine Partei davon profitieren. Der Preis für eine Einigung wäre ja höher als für die Nichteinigung. Es gibt am Ende eines Verhandlungsprozesses also nur eine einzige wichtige Frage: Wer gewinnt bei einer Nichteinigung? Lassen Sie mich diese Frage von zwei Seiten beleuchten.

- *Wenn Sie die Verhandlung beenden* und die Nichteinigung vorantreiben, leben Sie in dem Glauben, dass Ihnen keine negativen Konsequenzen drohen. In Ihrer Welt – Sie wissen ja, was Schopenhauer sagte – sehen Sie sich im Vorteil und haben keine Angst vor den Folgen.
- *Wenn Ihr Verhandlungspartner die Verhandlung beendet* und die Nichteinigung vorantreibt, lebt Ihr Gegenüber in dem Glauben, dass keine negativen Konsequenzen drohen. Ihr Gegenüber sieht sich im Vorteil und hat keine Angst vor den Konsequenzen.

Verhandlungstipp
Wer weniger Angst hat, wird nicht in die Verhandlung einsteigen. Das bedeutet also, dass Ihr Gegenüber mehr Angst haben muss als Sie. Sie müssen die Angst steigern und somit den Preis der Nichteinigung hochtreiben.

Die unvernünftigste Option

Bevor Sie in die Optionen einer Nichteinigung einsteigen, sollten Sie sich bewusst machen, was Sie definitiv nicht tun dürfen: Sie dürfen niemals an die Vernunft des Verhandlungspartners appellieren!

Doch genau das machen Sie normalerweise in dieser Situation: Sie versuchen, das Gegenüber davon zu überzeugen, die Position zu verlassen und auf Sie zuzukommen. »Jetzt werden Sie doch vernünftig! Es ist doch besser für Sie, wenn Sie sich jetzt bewegen«: Das sollte die Gegenseite animieren, die eigene Position nochmals zu überdenken und die Kooperationsbereitschaft zu erhöhen. Das würde tatsächlich nur funktionieren, wenn Sie eine vertrauensvolle Beziehung hätten. Aber hätten Sie diese vertrauensvolle Beziehung, wären Sie gar nicht so weit in diese Konfliktsituation geraten.

Verhandlungstipp
Ein Appell an die Vernunft ist das Unvernünftigste, was Sie tun können.

Wenn also der Appell an die Vernunft nicht funktioniert, was dann? Es gibt vier Wege aus der Sackgasse: die Warnung, den

Abbruch der Verhandlungen, die Wette auf die Zukunft und als Ultima Ratio das Vieraugengespräch.

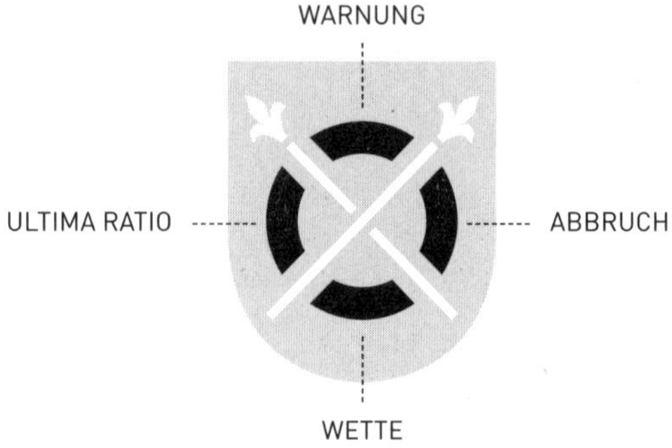

Vier Wege aus der Sackgasse

Warnung

Eine Warnung ist eine sehr gute Möglichkeit, die Angst auf der Gegenseite zu erhöhen. Wichtig ist dabei, die drei Regeln der Warnung zu beachten.

- Gemeinsamkeit herstellen,
- Automatismus starten,
- Gefühl der Wahlmöglichkeit geben.

Die Warnung wird bei fast jeder Verhandlung mit einem Geiselnehmer benutzt.

Beispiel: Ein Bankräuber hat eine Geisel genommen und bedroht sie mit einer Waffe. Ein Verhandlungsführer der Polizei wird in so einer angespannten und gefährlichen Situation nie eine Drohung aussprechen – denn diese ist das Gegenteil der Warnung. Eine Drohung wäre beispielsweise: »Herr Geiselnehmer, Sie haben sicher bereits

> die Scharfschützen auf dem gegenüberliegenden Gebäude gesehen. Wenn Sie nicht sofort aus der Bank kommen, werde ich den Scharfschützen das Go geben, damit diese Sie erschießen können.«

Diese Aussage wäre eine klassische Drohung mit den Elementen »ich« und »negative Konsequenz für Sie«.

Das Problem mit einer Drohung ist natürlich, dass der Gegenseite keine Möglichkeiten mehr zur Verfügung stehen und sie nur noch diese eine Anweisung befolgen muss. Wenn sie das nicht tut, dann wird die Konsequenz eintreten. Das Gegenüber sieht sich einer Alles-oder-nichts-Entscheidung ausgesetzt. Sind genügend Emotionen im Spiel, wird das zu einer Reaktanz führen, der emotionalen Überreaktion.

Das eigentliche Problem mit einer Drohung ist jedoch: Wer sie ausspricht, verfügt ebenfalls über keine Möglichkeiten mehr. Sie haben sicherlich schon das ein oder andere Mal eine Drohung ausgesprochen. Die Schwierigkeit ist eben, dass Sie danach die angedrohten Konsequenzen unbedingt umsetzen müssen. Wenn Sie das nicht tun, verlieren Sie das Gesicht. Und ein Gesichtsverlust ist tatsächlich das Schlimmste, was Ihnen passieren kann.

Verhandlungstipp
Drohungen sind immer absolut verboten!

Bei einer Warnung hingegen starten Sie mit einer Gemeinsamkeit, die tatsächlich besteht.

> Bei der oben angeführten Geiselnahme würde ein Verhandlungsführer der Polizei sagen: »Herr Geiselnehmer, wir beide stecken in der gleichen Situation. Wir beide haben die Verantwortung, eine Lösung zu finden.«

Nach dem Aussprechen der Gemeinsamkeit fokussiert man sich auf den Automatismus. Es wird also ein Ereignis automatisch eintreffen, das bereits angelaufen ist. Dieses Ereignis ist immer mit einer zeitlichen Komponente verbunden.

> »Wir beide werden sicher eine Lösung finden. Aufgrund meiner Erfahrung weiß ich jedoch, dass unsere Einsatzleitung nach circa zwei Stunden uns das Mandat für die Verhandlung entziehen wird, wenn wir beide bis dahin kein positives Signal senden.«

Ein Automatismus ist ein Prozess, den die Gegenseite versteht und nachvollziehen kann. Die Gegenseite begreift auch, dass etwas passieren muss, um den Automatismus abzuwenden.

Schließlich folgt das dritte Element der Warnung: das Übergeben der Wahlmöglichkeit.

> Bei der Geiselnahme würde man sagen: »Was denken Sie, was sollten wir beide jetzt tun?« Ein Geiselnehmer sieht sich in einer wichtigen Entscheidungsphase und muss überlegen. Er fühlt sich nicht mehr bevormundet oder bedroht.

Verhandlungstipp
Die Warnung ist eine sehr gute Möglichkeit, in Ihren Verhandlungen die Angst der Gegenseite zu erhöhen. Wichtig ist dabei zu wissen, welche Angst die Gegenseite umtreibt.

Ich habe gelernt, dass in Konzernen fast alle Manager an Prozesse glauben und diese nicht infrage stellen. Ein Hinweis auf die interne Rechtsabteilung funktioniert in beinahe jeder Situation. Wenn Ihnen gar nichts einfällt: Die Worte »Compliance« und »Corporate« können Sie immer benutzen.

Beispiel: Sie sind im Einkauf eines Konzerns für Preisverhandlungen verantwortlich. Eine Warnung könnte beispielsweise lauten: »Lieber Lieferant, wir beide haben die Verantwortung, für unsere beiden Unternehmen das beste Preismodell zu definieren. Aufgrund unseres internen und globalen Kostensenkungsprogramms sind wir angehalten, alle strategischen Partner nach einem Zeichen der Partnerschaft zu fragen. Wir sehen Ihren Beitrag bei einer Preisreduzierung von 10 Prozent. Sollten wir beide uns nicht einigen können, würde unser internes Buying-Center dieses Produkt online ausschreiben müssen. Bei dieser Ausschreibung würden wir beide die Kontrolle über die Verhandlung verlieren und müssten uns dem Ergebnis beugen. Was denken Sie, wie sollten wir weiter vorgehen?«

Verhandlungstipp
Positionieren Sie sich in einer Verhandlung immer als Problemlöser, nie als das Problem. Wenn Sie eine Drohung aussprechen, sind Sie das Problem der Gegenseite. Wenn Sie eine Warnung aussprechen, bieten Sie an, das Problem gemeinsam mit dem Verhandlungspartner zu lösen.

Abbruch und Wiedereinstieg

Ihr Verhandlungspartner sollte sich als Sieger fühlen. Er soll aber nicht tatsächlich den Sieg davontragen, sondern nur das Gefühl des Sieges. Ihr Gegenüber braucht das Gefühl, an Ihre Schmerzgrenze gelangt zu sein, das Maximum aus der Verhandlung herausgeholt zu haben. Und dieses Gefühl können Sie nur erzeugen, wenn Sie die Verhandlung abbrechen.

Der Abbruch einer Verhandlung ist keine Niederlage, sondern ein taktisches Element, um der gegnerischen Seite zu zeigen, dass Sie an der Grenze des Machbaren angekommen sind. Solange Sie verhandeln, gibt es auch etwas zu verhandeln. Wenn Sie die Verhandlung abbrechen, zeigen Sie sehr deutlich, dass es nichts gibt, was Sie noch als verhandelbar erachten. Nun bildet sich auch bei der Gegenseite die Gewissheit, die Grenze erreicht zu haben.

Sie brechen also die Verhandlung ab und stellen diesen Abbruch als logische Konsequenz dar. Sie sind nicht beleidigt, nicht enttäuscht und emotional nicht berührt. Sie sehen weiterhin eine gute Möglichkeit zur Kooperation – aber eben nicht mehr zu diesem Zeitpunkt.

Und das ist bereits die Einleitung zur richtigen Formulierung eines Abbruchs. Sie verlassen die Verhandlung und öffnen drei Türen, um durch diese drei Türen später wieder in die Verhandlung einsteigen zu können. Der richtige Abbruch beinhaltet deshalb folgende Schritte:

- *Dank:* »Herr Meier, wir möchten uns nochmals ganz herzlich für die gezeigte Bereitschaft zu einer Lösungsfindung bedanken.«
- *Zusammenfassung der Gemeinsamkeiten:* »Beide Parteien haben nach einer harten und fairen Auseinandersetzung festgestellt, dass der Fokus auf ein für beide Seiten akzeptables Preismodell gerichtet ist.«

- *Öffnen der drei Türen:* »Ich möchte festhalten, dass aus meiner Sicht zu dem jetzigen Zeitpunkt und beruhend auf den bisher diskutierten Punkten eine Einigung sehr schwer vorstellbar ist.«
- *Verabschiedung:* »Nochmals herzlichen Dank und eine sichere Heimreise.«

Wichtig ist dabei, dass Sie die Verhandlung abbrechen und nicht bloß verschieben. Sie dürfen nicht sagen: »Wir bleiben in Kontakt.« Und auch nicht: »Ich bin jederzeit für Sie erreichbar.« Stattdessen haben Sie drei Türen für den Wiedereinstieg geöffnet mit folgenden Worten:
- »aus meiner Sicht«,
- »zum jetzigen Zeitpunkt«,
- »zu den bisher diskutierten Punkten«.

Sie stehen auf und verabschieden Ihren Verhandlungspartner. Ab jetzt beginnt die spannende Phase, sie wird in der Verhandlungssprache die »stand-by-stress« Phase genannt. Das heißt, wer den höchsten Stress empfindet, wird die Verhandlung wieder starten. Es gibt drei Türen, mit denen ein gesichtswahrender Wiedereinstieg möglich ist.
- *Aus meiner Sicht:* »Ich konnte mit meiner Kollegin sprechen, und die hat eine Möglichkeit aufgezeigt …« Das bedeutet, dass es aus Ihrer persönlichen Sicht nicht möglich ist, aber eine andere Sichtweise den Weg zurück zur Verhandlung ebnet.
- *Zum jetzigen Zeitpunkt:* »Ich hatte gesagt, zum damaligen Zeitpunkt war es schwer vorstellbar. Gestern ist mir eine neue Information zugespielt worden, die ich gerne mit Ihnen teilen möchte.« Hier steigen wir über die zeitliche Dimension wieder ein.
- *Zu den bisher diskutierten Punkten:* »Dazu war eine Eini-

gung leider nicht vorstellbar. Ich hätte nun jedoch noch eine neue Idee ...«. Und nun nennen Sie Ihre Forderung.

Wer wieder in die Verhandlung einsteigt, schwächt natürlich die eigene Position, weil ja dadurch die Notwendigkeit für eine Lösung sichtbar wird. Es empfiehlt sich daher, den Wiedereinstieg so lange wie möglich hinauszuzögern und darauf zu warten, dass zuerst die Gegenseite auf Sie zukommt. Leicht gesagt, denken Sie nun vielleicht: Wenn Sie unter Zeitdruck sind, beispielsweise den Vertragsabschluss in diesem Quartal noch brauchen, werden Sie vor der Gegenseite wieder in die Verhandlung einsteigen.

Die Schwächung der eigenen Position ist verkraftbar, ein Gesichtsverlust ist es nicht. Deshalb sind diese drei Türen so wichtig: Sie können jederzeit die Verhandlung gesichtswahrend wieder aufnehmen. Wichtig: Bei einem Wiedereinstieg sind keine Kommentare erlaubt. Kommentieren Sie also nicht positiv oder negativ, nehmen Sie einfach die Verhandlung auf, setzen Sie die Agenda, stellen Sie die Forderung, und verhandeln Sie im Konjunktiv weiter.

Sollten Sie Vorgesetzte haben, müssen diese natürlich unbedingt vorab über den Abbruch der Verhandlung informiert werden. Teilen Sie ihnen mit, dass Sie beispielsweise am Montag um 16 Uhr die Verhandlung mit der Gegenseite abbrechen werden. Sagen Sie gleich dazu, dass die Gegenseite ein Gespräch mit dem Topmanagement suchen wird. Und erwähnen Sie auch, welche Antwort Sie von Ihrem Topmanagement erwarten – nämlich folgende Punkte:

- »Vielen Dank für Ihren Anruf.«
- »Wir glauben an die Partnerschaft mit Ihnen.«
- »Unser Verhandlungsteam wird Sie gerne kontaktieren.«
- »Ich bin mir sicher, dass beide Parteien den Willen zu einer Einigung haben.«

Es gibt keine Einmischung in die Verhandlung, keine Details, keine Zahlen und keine Rechtfertigung oder Entschuldigung.

Verhandlungstipp
Der Abbruch einer Verhandlung ist keine Niederlage, sondern ein taktisches Element, um die Grenze des Machbaren aufzuzeigen. Wenn Sie Ihr Minimalziel nicht erreichen können, müssen Sie die Verhandlung abbrechen.
Nutzen Sie nach einem Dank und der Betonung der Gemeinsamkeiten folgende drei Ansätze, um die Türen offen zu halten:
- aus meiner Sicht,
- zum jetzigen Zeitpunkt,
- zu den bisher diskutierten Punkten.

Sollte die Gegenseite die Verhandlungen abbrechen, bleiben Sie ruhig. Reagieren Sie nicht emotional, machen Sie keine Vorwürfe, geben Sie keine Kommentare ab. Stattdessen bedanken Sie sich und öffnen die drei Türen. So bleibt immer ein gesichtswahrender Ausgang für beide Seiten gewährleistet.

Wette auf die Zukunft

Sie haben eine Warnung ausgesprochen, diese hat nicht gewirkt – Ihr Gegenüber glaubt immer noch nicht an negative Konsequenzen. Daraufhin haben Sie die Verhandlung abgebrochen. Inzwischen sind beide Parteien wieder an den Verhandlungstisch zurückgekehrt und überlegen, welche Möglichkeiten es noch geben könnte. Die nächste Möglichkeit ist die Wette auf die Zukunft.

Da beide Seiten nicht wissen, wie sich beispielsweise die Verkaufszahlen in den kommenden Jahren entwickeln werden, wetten sie auf die Zukunft. Man vereinbart eine Wette sowie deren Auswirkungen.

Beispiel: Die Formulierung beginnt so: »Nehmen wir beide mal an, der Verkauf entwickelt sich positiv mit einem Umsatzwachstum von 10 Prozent: Was würde das für Sie bedeuten? Was würde das für uns bedeuten?« Es werden sogenannte Key-Performance-Indicator (KPI) definiert – Leistungskennzahlen, anhand derer sich der Fortschritt oder der Erfüllungsgrad wichtiger Zielsetzungen ermitteln lassen. Man könnte beispielsweise festlegen:

- Bei einem Umsatzwachstum von 10 Prozent innerhalb von 12 Monaten, gemessen am 31. Dezember in der DACH-Region, gibt es einen Bonus von …
- Bei einem Umsatzwachstum von 5 Prozent innerhalb von 12 Monaten, gemessen am 31. Dezember in der DACH-Region, gibt es einen Bonus von …
- Bei einem Umsatzwachstum von 0 Prozent innerhalb von 12 Monaten, gemessen am 31. Dezember in der DACH-Region, gibt es keinen Bonus.
- bei einem Umsatzeinbruch von 5 Prozent innerhalb von 12 Monaten, gemessen am 31. Dezember in der DACH-Region, gibt es einen Malus von …

Immer dann, wenn Sie heute keine Lösung finden, sollten Sie eine Lösung für die Zukunft suchen. Das ist natürlich riskant, aber immer noch besser als gar kein Ergebnis. Angesichts der anfangs beschriebenen Unsicherheiten aufgrund von Globalisierung und Digitalisierung werden solche »Wetten« zunehmen. Wichtig ist dabei, diese KPI genau zu definieren, messbar zu machen, mit zeitlichen Komponenten zu verbinden und vor allem festzuhalten, wer genau wann den Eintritt dieser Kennzahl bestimmen kann. Sorgen Sie bitte dafür, dass Sie es sind, der sagen kann: »Jetzt ist der folgende KPI erfüllt, und deshalb gibt es heute diesen Bonus beziehungsweise Malus …«

Es wird in Zukunft natürlich immer unterschiedliche Interpretationen der vereinbarten Leistungskennzahlen geben. Die Gegenseite wird behaupten, dass Währungsschwankungen zum Umsatzeinbruch beigetragen hätten und dass das nun wirklich nicht vorhersehbar gewesen sei. Sie werden dem entgegnen und verhandeln. Man bleibt in der Verhandlung, in der Kooperation und wird weiterhin an einer Lösung arbeiten. Wie gesagt, es ist riskant, aber immer noch besser als überhaupt keine Einigung.

Verhandlungstipp

Versuchen Sie, eine Einigung zu erzielen. Sollten Sie Ihr Minimalziel nicht erreichen können, brechen Sie die Verhandlung ab.

Sollte die Nichteinigung für beide Seiten nicht akzeptabel sein, ist es besser, auf die Zukunft zu wetten, als ohne Einigung auseinanderzugehen. Diese Wette legt heute fest, welche Folgen die Zusammenarbeit in der Zukunft hat: Es gibt Belohnungen (Bonus) oder Strafen (Malus).

Definieren Sie so genau wie möglich, welche Faktoren gemessen werden können (KPI). Und sorgen Sie dafür, dass Sie die Partei sind, die den Eintritt der vereinbarten Faktoren bestimmen kann.

Ultima Ratio

Die nächsten Zeilen sind eine Premiere: Ein ungeschriebenes Gesetz der Verhandlung wird zum ersten Mal aufgeschrieben! Dieses Gesetz gilt international in allen Kulturen und ist tatsächlich auch überall akzeptiert: Ein Vieraugengespräch bietet die allerletzte Möglichkeit für eine Einigung, die letzte von Vernunft getragene Handlung, die sogenannte Ultima Ratio.

- Sie sind vorbereitet, aber nicht vorbelastet eingestiegen, mit Freude auf den Konflikt.
- Sie haben Ihr Team nach den FBI-Regeln aufgestellt mit Negotiator, Commander und Decision-Maker.
- Sie sind perfekt eingestiegen und haben den Konflikt an den Anfang des Verhandlungsprozesses gestellt.
- Sie haben ständig die Verhandlung geführt, Optionen getestet und versucht, zu einer Einigung zu gelangen.
- Sie haben gewarnt, haben die Verhandlung abgebrochen, sind wieder zurückgekommen, haben eine Wette auf die Zukunft versucht – und dennoch gab es keine Einigung.
- Die Nichteinigung hängt wie ein Damoklesschwert über Ihnen – Sie möchten noch einen letzten Versuch starten, um doch noch eine Einigung zu ermöglichen.

Beide Verhandlungsteams sitzen sich gegenüber, die Parteien haben sich nach so vielen Konflikten und Eskalationen nichts mehr zu sagen. Beide sind emotional berührt und meist auch beschädigt. Im gesamten Verhandlungsprozess wurde am Ende sogar noch ein Vorwurf oder ein persönlicher Angriff eingebracht. Die Negotiatoren scheiden deshalb für den nächsten Schritt aus. Es liegt nun an den beiden Commandern, den letzten Versuch zu starten.

Beide Commander schlagen eine kurze Verhandlungspause vor, man lüftet noch einmal den Raum und besorgt frischen Kaffee. Die Commander verlassen den Verhandlungstisch und betreten einen separaten Raum, schließen die Tür und beginnen das Vieraugengespräch. Ganz wichtig: Sobald Sie sich für ein solches Vieraugengespräch entschieden haben, gibt es kein Zurück mehr: Sie sind ab dieser Sekunde gezwungen, die wahren Möglichkeiten preiszugeben und nicht länger zu taktieren.

Beispiel: Commander A startet so: »Ich kann Ihnen 6 Prozent Preisnachlass geben, wenn Sie mir ein Volumen von 10 Tonnen bis 31. Dezember zusichern.« Commander A muss die Wahrheit sagen, wenn er dieses letzte Angebot macht. Sollte sich später herausstellen, dass auch 7 Prozent möglich gewesen wären, dann verliert er sein Gesicht und damit seine Glaubwürdigkeit – und das völlig zu Recht.
Bedenken Sie bitte, dass wir hier über die allerletzte Möglichkeit sprechen – alle anderen Optionen hatten Sie vorher bereits genau geprüft. Commander B sagt Ja, es gibt einen Handschlag, die Einigung ist beschlossen. Selbstredend müssen sich alle Parteien an diese Abmachung halten, egal, was passiert.

Vielleicht sagen Sie jetzt: »Halt, das hatte ich schon probiert, und es hat nicht funktioniert.« Wenn es nicht funktioniert hat, kann das an zwei Gründen liegen:

- *Sie haben das Vieraugengespräch zu früh angeboten.* Es waren noch nicht alle Optionen ausgereizt, und die Gegenseite hatte das Gefühl, weiterhin taktieren zu können. Doch das wäre noch eine Sondierung, kein Vieraugengespräch. Bei einer Sondierung werden Möglichkeiten ausgelotet, es gibt keine Notwendigkeit für eine Entscheidung. Bei einem Vieraugengespräch drängt die Zeit, der Druck ist enorm hoch, und es muss eine Entscheidung getroffen werden.
- *Sie haben die Angst für die Gegenseite nicht auf das Maximum erhöht.* Sie haben die Gegenseite in dem Glauben gelassen, dass eine Nichteinigung gar nicht so schlimm sei.

Damit es keine Missverständnisse gibt: Erst wenn die Hütte brennt, alle anderen Möglichkeiten nicht funktioniert haben, der Druck nicht mehr auszuhalten ist, erst dann ist der richtige Zeitpunkt für ein Vieraugengespräch gekommen.

Wenn Sie das Vieraugengespräch annehmen, müssen Sie in jedem Fall die Wahrheit sagen. Wenn Sie die Wahrheit aber nicht sagen möchten oder können, dürfen Sie nicht in ein solches Gespräch gehen!

Verhandlungstipp

Das Vieraugengespräch ist die letzte von Vernunft getragene Handlung, um eine Einigung zu erreichen.

Beide Commander verlassen den offiziellen Verhandlungstisch und gehen in einen separaten Raum. Es ist wichtig, dass ein neues Zimmer betreten wird, damit auch visuell klar wird, dass sich etwas verändert.

Es ist Zeit für die Wahrheit, die Zeit des Taktierens ist vorbei. Bieten Sie eine Einigung an, einen Händedruck, einen Dank – und kehren Sie dann zurück zum Verhandlungsteam.

Wie immer gilt auch beim Vieraugengespräch: keine Vorwürfe oder Kommentare. Einigen Sie sich, und halten Sie diese Einigung schriftlich fest. Sagen Sie: »Nach harten und fairen Verhandlungen haben wir beide …«

Endlich: Sie haben es geschafft und nach harten und fairen Verhandlungen eine Einigung erzielt. Gratulation!

Ich werde in Interviews oft gefragt, ob ich in Verhandlungen auch an eine Grenze komme. Ja, in jeder Verhandlung! Ich komme in jeder Verhandlung, die ich begleite, an einen Punkt, an dem ich mir denke: »Oh, was mache ich jetzt?« Diese Verzweiflung ist notwendig, man braucht das Gefühl, an eine Grenze zu gelangen. Erst in diesem Grenzbereich erlebt man die Anspannung, die notwendig ist, um über sich hinauszuwachsen und neue Höhen der Verhandlung zu erreichen. Wenn Sie nach einer Verhandlung total erschöpft ins Bett fallen, haben Sie alles richtig gemacht. Wenn Ihr Gegenüber ebenfalls völlig erledigt ist, dann ist das ein Sieg für beide Seiten.

Und wenn nicht: Was tun Sie, wenn es keine Einigung gibt? Dann haben Sie zwei Möglichkeiten:

- Sie wissen, Sie haben Ihr Bestes gegeben und alles in den Ring geworfen, was Sie haben. Sie sind an Ihre Grenze gegangen – und mehr war einfach nicht drin.
- Sie arbeiten weiter an Ihrer Machtposition, um später mit einer besseren Verhandlungsposition wieder einzusteigen.

In der Checkliste im nächsten Kapitel finden Sie eine detaillierte Anleitung, um Ihre Machtposition zu verbessern.

Epilog

Ich habe das Verhandeln auf der Straße gelernt. Als junger Polizeibeamter war ich oft mit emotionalen, unsympathischen und rechthaberischen Verhandlungspartnern konfrontiert.

Bei meiner ersten Verkehrskontrolle zusammen mit einem erfahrenen Kollegen habe ich eine der wichtigsten Grundsätze der Verhandlung gelernt. Wir hielten ein Auto nach einer Geschwindigkeitsmessung an, um den Fahrer zu verwarnen. Im Fahrzeug saßen der Vater am Steuer, die Frau auf dem Beifahrersitz und drei Kinder auf der Rückbank. Mein Kollege sagte zu dem Fahrer: »Guten Tag, Verkehrskontrolle. Steigen Sie bitte aus, und zeigen Sie uns Verbandskasten und Warndreieck!« Er sagte nichts von der Geschwindigkeitsüberschreitung.

Der Vater stieg aus, öffnete den Kofferraum und suchte nach dem Verbandskasten. Mein Kollege flüsterte ihm zu: »Sie sind zu schnell gefahren, Sie sind an der Geschwindigkeitsmessung fotografiert worden. Sind Sie mit einer Verwarnung von 40 Euro einverstanden?« Der Mann sagte sofort Ja, zahlte, bekam eine Quittung, und die Sache war erledigt. Als er wieder in sein Auto gestiegen war, fragten seine Frau und Kinder ihn, was denn los gewesen sei. Er antwortete kurz, dass es sich um eine normale Verkehrskontrolle gehandelt habe und alles okay sei. So konnte er sein Gesicht vor Frau und Kindern wahren.

Man muss dem Gegenüber immer die Möglichkeit geben, das Gesicht zu wahren. Verhandeln Sie hart und fair – und lassen Sie Ihrem Gegenüber immer die Chance, ohne Gesichtsverlust die Verhandlung zu verlassen.

Der Leitfaden für schwierige Verhandlungen

Grundlagen

Sie haben grundsätzlich drei Möglichkeiten, einen Konflikt anzugehen: die Vermeidung einer Auseinandersetzung, die Führung einer Verhandlung, die Durchsetzung Ihrer Interessen ohne Verhandlung.

1. Die Vermeidung einer Auseinandersetzung

Sie vermeiden eine Verhandlung und hoffen, dass sich der Konflikt ohne Ihr Zutun erledigt. Das kann gutgehen, muss es aber nicht.

Was passiert, wenn Sie nichts tun?

____

Welchen Einfluss hat Ihr Verhalten auf die Beziehung zur Gegenseite?

____

Wie hoch schätzen Sie das Risiko ein, dabei persönlich Schaden zu nehmen?

____

2. Die Führung einer Verhandlung

Sie behalten die Kontrolle über den Konflikt, weil Sie »am Tisch« sitzen und sofort erfahren, was gerade passiert. Sie können auch jederzeit aufstehen und ab jetzt den Konflikt vermeiden oder mit Machtmitteln durchsetzen.

Wie hoch sind Ihre Chancen, das Minimalziel zu erreichen?

---

3. Die Durchsetzung Ihrer Interessen ohne Verhandlung

Wenn Sie Ihre Machtmittel auspacken, wird auch die Gegenseite zu Machtmitteln greifen. Es entsteht ein Machtkampf.

Können Sie einen Machtkampf aushalten?

Welche Machtmittel wird die Gegenseite anwenden?

Ist für Sie eine totale Beschädigung der Beziehung akzeptabel?

Schritte zur Entscheidungsfindung

Wie lässt sich die derzeitige Situation beschreiben?

Was spricht für eine Verhandlung?

Was spricht gegen eine Verhandlung?

Wie könnte das Worst-Case-Szenario aussehen, wenn Sie nicht verhandeln?

Wie könnte das Best-Case-Szenario aussehen, wenn Sie nicht verhandeln?

Wichtig ist hierbei, dass Sie die Fragen schriftlich beantworten und Teammitglieder oder sonstige Vertraute einbeziehen.

Wann ist der richtige Zeitpunkt für eine Verhandlung?

Die Frage, ob Sie eine Verhandlung beginnen sollen, stellt sich nicht plötzlich. Diese Entscheidung ist Teil eines Prozesses, den Sie – bewusst oder unbewusst – so gesteuert haben. Entscheidungen werden meist nicht getroffen, sie entstehen.

Welchen Vorteil haben Sie, wenn Sie die Verhandlung jetzt beginnen?

Welchen Vorteil haben Sie, wenn Sie noch abwarten?

Wenn Sie eine Verhandlung beginnen, wird sich die Beziehung zum Gegenüber verändern – aber auch, wenn Sie den Konflikt vermeiden. Die Welt wird nach diesem Konflikt eine andere sein. Und in den meisten Fällen ist es besser, diese Veränderung selbst aktiv herbeizuführen, also zu verhandeln.

Prinzip 1: Play to win

Inhaltliche Vorbereitung

Sie sollten drei wichtige Elemente immer vorbereiten: das Ziel, die Strategie und die Taktik.

Vorab eine Grundsatzfrage: Glauben Sie, dass Ihr Standpunkt richtig ist?

☐ Ja ☐ Nein

Wenn ja, dann werden Sie in Ihrer Verhandlung scheitern. Wer glaubt, richtigzuliegen, wird in der Verhandlung auf sein Recht pochen und die gegnerische Seite angreifen. Bitte halten Sie sich an folgenden Grundsatz: Sie verhandeln immer für etwas, nie gegen jemanden. Sie haben also ein Ziel und keine Feinde.

Ziele formulieren

Ein Maximalziel ist positiv, zukunftsorientiert und unrealistisch groß.

Was ist Ihr Maximalziel, was wäre für Sie ein erstklassiges Ergebnis?

Ein Minimalziel ist konkret und messbar, schriftlich festgehalten, in Stein gemeißelt und darf während der Verhandlung nicht verändert werden.

Was ist Ihr Minimalziel, was müssen Sie unbedingt erreichen?

Je größer der Raum zwischen Maximalziel und Minimalziel, desto wahrscheinlicher ist eine Einigung, ein »Agreement«. Wer keinen Raum zwischen Maximalziel und Minimalziel zulässt, wird meist keine Einigung erreichen.

Wichtig ist, dieses Minimalziel *vor* der Verhandlung schriftlich zu formulieren. Während der Verhandlung darf dieses Minimalziel nicht geändert werden – die Strategie hingegen schon. Sollten Sie Ihr Minimalziel nicht erreichen, dann müssen Sie die Verhandlung abbrechen und mit den Konsequenzen der Nichteinigung leben.

Strategie-Diagramm

Eine *Strategie* ist eine gedankliche Leitlinie, eine Art Leitplanke, die Sie von Ihrer derzeitigen Position zu Ihrem Ziel bringen soll. Sie legt den Korridor fest, in dem Sie sich bewegen dürfen.

Wie groß ist Ihr Wille zur Durchsetzung?

1 — 2 — 3 — 4 — 5 — 6 — 7 — 8 — 9 — 10

1 bedeutet, dass Sie Angst vor dem Konflikt haben und ihn deshalb vermeiden möchten. Sie glauben, Sie können sich nicht durchsetzen, und sehen sich in einer ohnmächtigen Position. 10 bedeutet, dass Sie den absoluten Willen haben, Ihr Ziel zu erreichen. Sie sehen sich mächtig und sind bereit, Machtmittel einzusetzen.

Wie groß ist Ihre Bereitschaft zur Kooperation?

1 — 2 — 3 — 4 — 5 — 6 — 7 — 8 — 9 — 10

1 bedeutet, Sie sehen überhaupt keine Veranlassung, Kooperationsbereitschaft zu zeigen. Oder Sie können nicht kooperieren, weil Sie kein Verhandlungsmandat haben. 10 heißt, Sie sind sehr partnerschaftlich orientiert und bereit, kooperativ in die Verhandlung zu gehen. Sie würden eigene Ziele aufgeben, denn Ihnen ist wichtig, dass es der Gegenseite gut geht.

Wie groß ist der Wille zur Durchsetzung auf der Gegenseite?

1 — 2 — 3 — 4 — 5 — 6 — 7 — 8 — 9 — 10

Wie groß ist die Bereitschaft zur Kooperation auf der Gegenseite?

1 — 2 — 3 — 4 — 5 — 6 — 7 — 8 — 9 — 10

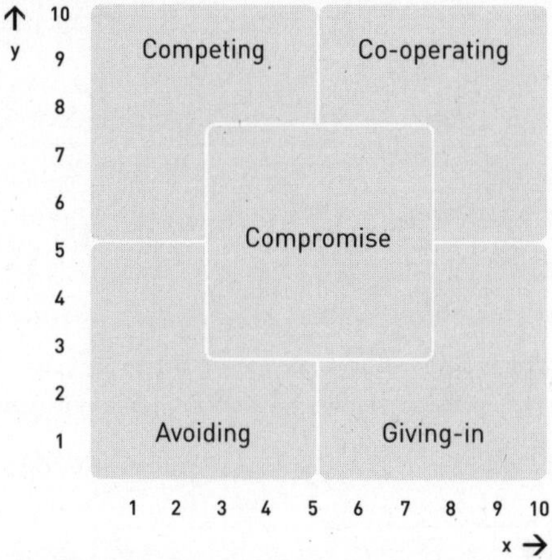

Das Strategie-Diagramm

Zeichnen Sie im Strategie-Diagramm auf der y-Achse Ihren Willen zur Durchsetzung ein und auf der x-Achse Ihren Willen zur Kooperation. Wenn Sie diese beiden Punkte miteinander verbinden, erkennen Sie Ihre eigene Strategie.

Markieren Sie nun auf der y-Achse den Willen zur Durchsetzung der Gegenseite und auf der x-Achse den Willen zur Kooperation der Gegenseite. Verbinden Sie auch diese beiden Punkte – und Sie erkennen die gegnerische Strategie.

- *Strategie 1: Competing (Selbstbehauptung und Wettbewerb).* Man will den Konflikt verhandeln, mit allen Konsequenzen. Sie wollen gewinnen, fair und unter Beachtung aller Regeln.
- *Strategie 2: Giving-in (Nachgeben und Aufgeben).* Man will den Konflikt unbedingt vermeiden. Unterscheiden lässt sich dabei zwischen einem emotionalen Nachgeben aus Angst vor dem Konflikt und einem strategischen Nachgeben, um zu einem späteren Zeitpunkt in einer besseren Verhandlungsposition zu sein.
- *Strategie 3: Compromise (Treffen in der Mitte).* Man will

den Konflikt abschwächen und mit einem blauen Auge die Verhandlung beenden.

- *Strategie 4: Avoiding (Spiel auf Zeit).* Man will den Konflikt jetzt vermeiden und zu einem späteren Zeitpunkt in einer besseren Position verhandeln.
- *Strategie 5: Co-operating (optimale Lösung).* Beide Seiten bekommen wichtige Forderungen erfüllt und einigen sich auf eine langfristige Lösung.

Sie haben Ihre derzeitige Verhandlungsposition eingezeichnet und erkennen die jetzt genutzte Strategie. Nehmen wir an, Sie sehen sich auf der y-Achse (»Wille zur Durchsetzung«) bei 3 und auf der x-Achse (»Bereitschaft zur Kooperation«) bei 1, dann hieße Ihre jetzige Strategie Avoiding.

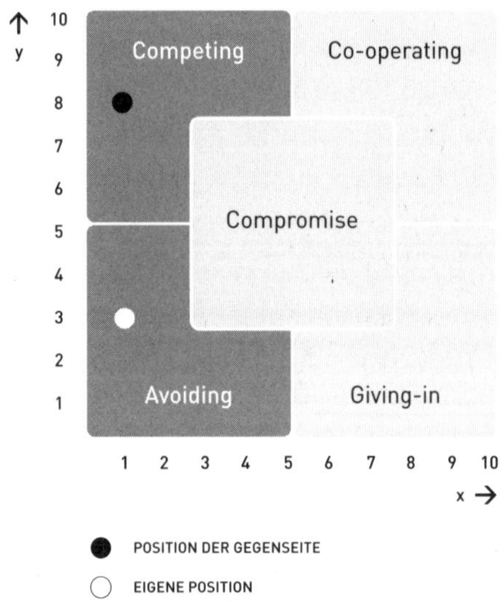

Positionen im Strategie-Diagramm

Nehmen wir an, die Gegenseite wäre bei »Wille zur Durchsetzung« bei 8 und bei »Bereitschaft zur Kooperation« bei 1, dann wäre die Strategie der Gegenseite »Competing«.

Sie hätten also beide eine unterschiedliche Auffassung hinsichtlich der Durchsetzungsfähigkeit und ein beidseitiges Verständnis, dass Sie nicht kooperieren müssen. Beide Seiten versuchen, eine Nichteinigung herbeizuführen, und könnten mit den Konsequenzen eines Disagreements gut leben.

Leider glaubt die Gegenseite, über mehr Machtmittel zu verfügen, wird also gegen Sie vorgehen und keine Verhandlungsbereitschaft zeigen. Auf keinen Fall können Sie nun an die Vernunft appellieren und auf Co-operating hinweisen. Warum sollte die Gegenseite Ihnen entgegenkommen – sie sieht dazu ja keinen Grund? Sie könnten also nachgeben oder einen Kompromiss anbieten, werden dabei jedoch Ihr Verhandlungsziel nicht erreichen können.

Stattdessen sollten Sie sich von Avoiding zu Competing bewegen und somit auf Augenhöhe kommen. Das ist notwendig, um von der Gegenseite akzeptiert und respektiert zu werden – und dafür brauchen Sie mehr Forderungen. Sie haben Ihre Liste mit Forderungen parat und bringen jetzt mehrere Punkte davon in die Verhandlung ein. Das mag Ihnen unsinnig und unseriös vorkommen, ist jedoch notwendig, um der Gegenseite ein wichtiges Signal zu senden: Sie haben den Konflikt akzeptiert und werden ihn nicht vermeiden. Erst wenn beide Parteien auf Augenhöhe sind, können sie sich zur Kooperation bewegen.

Damit Sie Ihre und die gegnerische Strategie analysieren können, sollten Sie folgende Punkte vorbereiten.

Welche Position vertreten Sie?

____

Welche Position vertritt Ihr Verhandlungspartner?

____

Welche Konsequenzen haben Sie bei einer Einigung?

Welche Konsequenzen haben Sie bei einer Nichteinigung?

Können Sie eine Beschädigung der Beziehung akzeptieren?

Welche Forderungen haben Sie bis jetzt kommuniziert?

Welche Forderungen werden an Sie gerichtet?

Haben Sie bereits eine Drohung ausgesprochen?

Haben Sie über negative Konsequenzen gesprochen?

Erreichen Sie mit der jetzigen Strategie Ihr Verhandlungsziel?

Wenn nein, welchen Strategiewechsel möchten Sie vornehmen?

Welche Forderungen werden Sie in die Verhandlung zusätzlich einbringen?

Was sind Sie bereit aufzugeben?

Welchen Zeitrahmen haben Sie für die Verhandlung?

Welche Fristen gibt es?

Welche formalen Voraussetzungen brauchen Sie für die Vereinbarung?

Haben Sie und Ihr Verhandlungspartner die gleichen Informationen zur Verfügung, sind Missverständnisse ausgeschlossen?

☐ Ja ☐ Nein

Wenn nicht, welche Informationen müssen noch ausgetauscht oder geklärt werden?

Welche Taktiken haben Sie bisher für Ihre Verhandlung benutzt?

An welcher Stelle hat sich die Verhandlung für Sie negativ entwickelt?

An welcher Stelle hat sich die Verhandlung für Sie positiv entwickelt?

Verhandeln Sie auf Augenhöhe, haben Sie die gleiche Machtposition?

Wenn Ihre Machtposition schlechter ist, wie können Sie Ihre Machtposition erhöhen?

Welche Storyline haben Sie für Ihre Verhandlung?

Was ist der Sinn dieser Verhandlung?

Mit welchen Informationen gehen Sie aktiv an die Öffentlichkeit?

Liste mit Forderungen aufstellen

Schreiben Sie eine Liste mit Forderungen – nicht mit Argumenten. Laden Sie zur Vorbereitung der Verhandlung Kollegen aus Ihrem Unternehmen ein, die andere Sichtweisen und Erfahrungen haben als Sie. Wer eine Verhandlung ausschließlich mit Personen aus dem eigenen Bereich vorbereitet, wird nur auf die bereits bekannten und immer wieder genannten Forderungen kommen.

Was sind mindestens zwanzig mögliche Forderungen, die

Sie an die Gegenseite haben – unabhängig von Realität und Machbarkeit?

____

____

____

____

____

Wie lassen sich diese Forderungen priorisieren? Welche markieren Sie rot als unverzichtbar, gelb als wichtig, aber verhandelbar oder grün als unwichtig und verzichtbar, als reine Verhandlungsmasse?

Rot: ___________________________________

Gelb: ___________________________________

Grün: ___________________________________

Bringen Sie diese Forderungen in eine Reihenfolge: Mit welcher Forderung möchten Sie beginnen?

____

Bei welcher Forderung könnten Sie Kooperationsbereitschaft zeigen?

____

Die Macht im Verhandlungsteam ist größer geworden. Sie haben vorbereitet, was Sie haben möchten – und nicht, was man geben muss.

Mentale Vorbereitung

Sie sollten den bevorstehenden Konflikt positiv bewerten, sich auf die Auseinandersetzung freuen und mit positiver Gestimmtheit in die Verhandlung einsteigen. Sie dürfen den Konflikt nicht negativ bewerten, sonst wird die Verhandlung einen negativen Verlauf nehmen.

Mit welchen positiven Worten können Sie die Verhandlung beschreiben?

____

Mit welchen positiven Worten werden Sie Ihr Team auf die Verhandlung vorbereiten?

____

Mit welchen positiven Worten können Sie die Verhandlungspartner der Gegenseite betiteln?

____

Vorbereitung des Teams

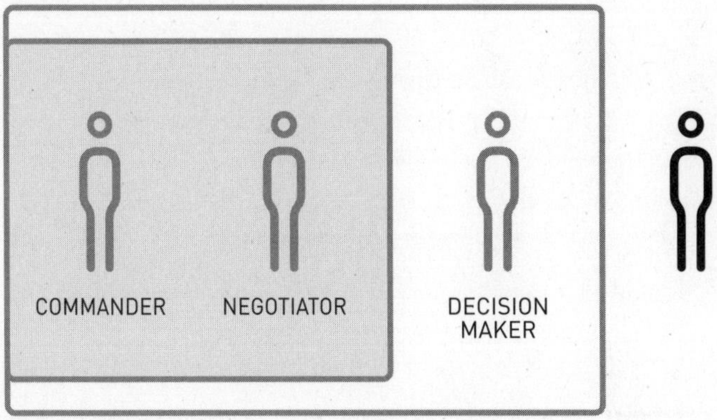

Welche Personen sind auf meiner Seite an dem Ergebnis interessiert?

Welche Personen müssen von Ihnen in die Verhandlung eingebunden werden?

Welche Personen sind auf der Gegenseite an dem Ergebnis interessiert?

Welche Personen der Gegenseite können Sie bereits vor der Verhandlung kontaktieren und einbinden?

Wer ist bei Ihnen der Entscheidungsträger, der Decision-Maker?

Welches Verhandlungsmandat (LTN, »License to Negotiate«) hat der Decision-Maker dem Verhandlungsteam übergeben?

Wer ist Ihr Commander für diese Verhandlung?

Wer ist Ihr Negotiator für diese Verhandlung?

Welche Experten müssen Sie einbinden?

Wer ist Decision-Maker der Gegenseite?

Wer ist Commander der Gegenseite?

Wer ist Negotiator der Gegenseite?

Welche Experten sind auf der Gegenseite eingebunden?

Wie sieht Ihr Reportingsystem innerhalb Ihres Verhandlungsteams aus? Wer will wie informiert werden?

Bei welchen Situationen möchte der Decision-Maker informiert werden?

Möchte der Decision-Maker regelmäßig über den Stand der Verhandlungen informiert werden? Täglich oder wöchentlich?

Wie möchte der Decision-Maker informiert werden? Welche Informationen möchte er wie aufbereitet bekommen?

Sie sollten allen Beteiligten im Verhandlungsprozess ein Drehbuch an die Hand geben, damit genau definiert ist, was erlaubt ist und was nicht. Oft gibt es bei den Beteiligten eine große Unsicherheit hinsichtlich der kommenden Ereignisse und sie sind froh, wenn sie eine Hilfestellung an der Hand haben. Wir nennen das Drehbuch das »Playbook«, damit deutlich wird, dass es eine Rolle gibt, die gespielt werden soll.

Das Playbook für einen Decision-Maker sollte folgende Punkte beinhalten:

- Sprechen Sie über das »big picture«.
- Sprechen Sie über Gemeinsamkeiten, nie über den Konflikt.
- Fokussieren Sie sich auf die Zukunft, nicht auf die Vergangenheit.
- Sprechen Sie vom gemeinsamen Willen, eine Einigung zu finden.
- Reden Sie nie über Zahlen, Preise, Prozentsätze, Volumen …
- Wenn Sie während der Verhandlung von der Gegenseite angesprochen werden, verweisen Sie auf das Verhandlungsteam.

Das Playbook für einen Commander sollte folgende Punkte beinhalten:

- Sie machen die Vorstellung und sprechen über den gemeinsamen Willen zur Einigung.
- Sie geben den groben Rahmen für den Verhandlungsprozess vor.
- Sie gehen immer davon aus, dass eine Einigung erreicht wird.
- Sie sehen Optionen, keine Hindernisse.
- Nach der Eröffnungsrunde übergeben Sie an den Negotiator.
- Sie sprechen nie über Zahlen, Prozentsätze, Volumen …
- Sie schlagen eine Verhandlungspause vor, wenn diese notwendig ist.

Das Playbook für einen Negotiator sollte folgende Punkte beinhalten:

- Sie bedanken sich bei Ihrem Commander für die Eröffnung.
- Sie setzen die Agenda.
- Sie legen den »Fisch« auf den Tisch.
- Sie halten Stille aus und genießen den Konflikt.
- Sie bringen immer wieder neue Forderungen ein.
- Sie erkennen die Strategie und wechseln die Strategie, wenn notwendig.
- Sie fassen oft zusammen.
- Sie sprechen über die Einigung und den Sieg der Gegenseite.
- Sie brechen die Verhandlung ab und öffnen die Türen.

Das Playbook für einen Experten sollte folgende Punkte beinhalten:

- Den wichtigsten Beitrag leistet der Experte während der Vorbereitung, nicht während der Verhandlung.
- Während der Verhandlung spricht ein Experte nur, wenn er vom eigenen Negotiator aufgefordert wird.

Prinzip 2: Einstieg

Rahmen setzen

Grenzen Sie zu Beginn der Verhandlung ab, was Sie genau verhandeln möchten – und was nicht. Achten Sie bitte darauf, dass diese drei Punkte nicht allzu konkret sind. Schreiben Sie beispielsweise: »Klärung Investitionsbedarf, juristische Besonderheiten, kommerzielle Lösung.« Nehmen Sie immer drei Topics für die Agenda. Das sind genug, um ausreichend Verhandlungsspielraum aufzubauen – und so wenige, dass Sie nicht den Überblick verlieren.

Welche drei Punkte möchten Sie verhandeln?

1. ______________________________

2. ______________________________

3. ______________________________

Zeitrahmen: Setzen Sie immer einen Zeitrahmen, den Sie bei Bedarf jederzeit verkürzen oder verlängern können.

Wie viel Zeit möchten Sie für das Meeting ansetzen?

____

Wichtig: Sie setzen immer die Agenda! Sie akzeptieren nie die Agenda der Gegenseite!

Put the fish on the table

Da Sie den Konflikt an den Anfang einer Verhandlung stellen, lautet Ihr Einstieg entsprechend: »Put the fish on the table.« Das bedeutet einfach, dass Sie nach dem Setzen der Agenda sagen, was Sie wollen.

Welchen »Fisch«, also welche Forderung, werden Sie auf den Tisch legen?

____

Wichtig ist dabei: Sagen Sie, was Sie wollen, in einem Satz und ohne Rechtfertigung!

Sollte die Gegenseite vor Ihnen den Fisch auf den Tisch legen, ist es wichtig, diesen sofort vom Tisch zu nehmen. Sagen Sie beispielsweise: »Wir beide wissen, dass wir das intern nicht umsetzen können.« Beschreiben Sie also nicht den Gegensatz, sondern die Gemeinsamkeit.

Welche Gemeinsamkeiten haben Sie mit der Gegenpartei?

____

Prinzip 3: Führung

Kooperation anbieten

Halten Sie den Konflikt aus, und bewegen Sie sich nicht zu schnell. Wenn Sie zu schnell Kooperationsbereitschaft zeigen, liefert das ein falsches Signal an die Gegenseite. Diese bemerkt Ihren Willen zur Einigung und wird mehr Druck aufbauen.

Bei welchen Punkten können Sie Kooperationsbereitschaft anbieten?

Im Kooperationsmodus gilt der Grundsatz der Reziprozität – Geben und Nehmen. Sobald sich die Gegenseite bewegt, sollten auch Sie sich bewegen. Wenn die Gegenseite sich nicht bewegt, bewegen Sie sich und »zwingen« die Gegenseite so zu einer Bewegung.

Inhalt wiedergeben

Sie sollten Ihrem Gegenüber ständig zeigen, dass Sie sehr an ihm interessiert sind. Wiederholen Sie mit eigenen Worten, was Sie verstanden haben, und versichern Sie sich der Richtigkeit.

Welche Inhalte haben Sie verstanden? Wie können Sie diese zusammenfassen?

Wichtig ist hierbei, dass Sie das Gesagte umschreiben und mit eigenen Worten zusammenfassen. Natürlich geben Sie mit Ihrer Zusammenfassung der Verhandlung eine neue, für Sie günstige Richtung vor.

Forderungen erhöhen

Da Sie nie sicher wissen können, was die Gegenseite wirklich will und welche Möglichkeiten zur Kooperation es gibt, brauchen Sie genug »Futter« für die Verhandlung. Halten Sie deshalb Ihren Forderungskatalog bereit, den Sie als »Spickzettel« auch unter Stress hervorholen können. Wenn Sie zudem Ihre Forderungen rot, gelb und grün priorisiert haben, können Sie Ihre eigenen Positionen jederzeit mit denen der Gegenseite abwägen.

Das Abwägen, Testen, Zurückziehen, Vorpreschen, Zurücknehmen, Anbieten kann dauern. Es ist intensiv und erschöpfend. Eine gute Vorbereitung, körperliche Fitness und die Aufteilung im Team helfen hier, dem Druck standzuhalten.

Was tun Sie, um körperlich fit zu sein?

Zusammenfassung

Die Zusammenfassung erfolgt immer aus einer subjektiven Sichtweise, nicht aufgrund der erkannten Wahrheit. Sie beschreiben eine erzielte Gemeinsamkeit aus Ihrer Perspektive. Wenn das Gegenüber diese akzeptiert, haben Sie einen Punkt gemacht. Wenn nicht, können Sie sich die andere Sichtweise erklären lassen und darauf aufbauen.

Welchen gemeinsamen Nenner können Sie beschreiben?

Wichtig: Sie kommunizieren immer respektvoll, das heißt: nichts einreden, nichts ausreden, keine Ratschläge, keine Vorwürfe, keine Vergleiche, keine Dramatisierung und keine Bagatellisierung.

Versuchsabschluss

Einen sogenannten Versuchsabschluss zu unternehmen, ist eine geniale Taktik. Sie nehmen den größten Stolperstein der Gegenseite und sagen: »Nehmen wir mal an, wir könnten diesen Punkt klären, hätten wir dann eine Einigung?« Wenn die Gegenseite Ja sagt, haben Sie einen riesigen Vorteil: Die Gegenseite kann nicht mehr mit neuen Forderungen kommen.

Welchen Punkt müssten Sie jetzt noch in Ihrem Sinn klären, damit eine Einigung zustande kommt?

____

Egon-Bahr-Taktik

Was ist jetzt lösbar?

____

Was ist bald lösbar?

____

Was ist jetzt nicht lösbar?

____

Welche Themen der Vergangenheit dürfen nicht angesprochen werden?

____

Welche Themen sind zukunftsorientiert und positiv besetzt?

____

Lösung

Welche Gemeinsamkeiten können Sie jederzeit zusammenfassen, auch im Streit?

Welchen positiven Ausgang können Sie jederzeit in Aussicht stellen?

Gemeinsamkeit

Was ist das große Bild, das Sie mit dieser Verhandlung verfolgen?

Welchen Sinn ergibt eine Einigung für beide Unternehmen, die Gesellschaft, die Welt?

Optionen

Welche Optionen können Sie anbieten?

Welche Optionen können Sie miteinander verbinden?

Zumachen

Wie sieht die Einigung aus?

Wie können Sie sich die Einigung noch am Verhandlungstisch zusichern lassen, bevor die Beteiligten den Raum verlassen?

Walking & Talking

Mit wem der Gegenseite haben Sie eine vertrauensvolle Beziehung?

Welche gemeinsamen Themen außerhalb der Verhandlung können Sie auf dem Weg zu einer Espresso-Bar besprechen?

Prinzip 4: Eskalation

Sollten Sie sich einigen?

Bereiten Sie vor der finalen Runde bereits Ihre Danksagung vor. Schreiben Sie sich diese wörtlich auf, damit Sie nichts Wichtiges vergessen.

Wie lautet Ihre Abschlusserklärung, Ihre Danksagung?

Welchen Sieg können Sie Ihrem Gegenüber noch gönnen, damit dieser intern die eigene Mannschaft überzeugen kann?

Haben Sie alles versucht?

Haben Sie alles versucht? Alle Optionen geprüft? Alles auf den Tisch gelegt, was möglich ist?

☐ Ja ☐ Nein

Wenn die Antwort Nein lautet, welche Möglichkeiten gibt es noch?

Warnung

Eine Warnung ist eine gute Möglichkeit, die Angst auf der Gegenseite zu erhöhen. Wichtig ist dabei, die drei Regeln der Warnung zu beachten: erstens eine Gemeinsamkeit herstellen, zweitens einen Automatismus starten und drittens ein Gefühl der Wahlmöglichkeit geben.

Welche Gemeinsamkeiten können Sie jetzt noch betonen?

Was ist der Automatismus? Welche Prozesse laufen jetzt an, die Sie noch stoppen könnten?

___

Welche Wahlmöglichkeit können Sie übergeben?

___

Abbruch und Wiedereinstieg

Mit welchen Worten bedanken Sie sich, wenn Sie die Verhandlung abbrechen?

___

Welche Gemeinsamkeiten fassen Sie zusammen?

___

Wie formulieren Sie die drei Türen, die Sie öffnen werden?

1. ___

2. ___

3. ___

Mit welchen Worten verabschieden Sie die Gegenseite?

___

Wette auf die Zukunft

Welche Leistungskennzahlen (KPI) wollen Sie vereinbaren?

Welchen Bonus beziehungsweise Malus werden Sie in Aussicht stellen?

Wie können Sie sicherstellen, dass Sie derjenige sind, der das Eintreten der Leistungskennzahlen bestimmt?

Ultima Ratio

Die Nichteinigung hängt wie ein Damoklesschwert über Ihnen. Sie möchten noch einen letzten Versuch starten, um doch noch zu einer Einigung zu gelangen.

Mit welcher Person der Gegenseite werden Sie dieses Vieraugengespräch suchen?

Haben Sie intern die Erlaubnis, eine Einigung in diesem Gespräch zuzusichern?

☐ Ja ☐ Nein

Nachbereitung

Endlich: Sie haben es geschafft und nach harten und fairen Verhandlungen eine Einigung erzielt.

Wie können Sie im Fall einer Einigung die Einhaltung der Vereinbarung kontrollieren?

Wichtig ist, dass Sie das Erlernte für künftige Verhandlungen nutzen können. Die Erkenntnisse und die Erfahrungen müssen zwingend ausgewertet und gesichert werden. Laden Sie alle Beteiligten zu einem sogenannten Debriefing, und fordern Sie diese auf, ihre Erfahrungen zu teilen.

Natürlich gibt es nach einer Nichteinigung keine negativen Kommentare über die Gegenseite, nicht intern und nicht extern. Beide Parteien haben sich entschieden, mit einer Nichteinigung in die Zukunft zu gehen – und mit den Konsequenzen zu leben.

Sollten diese Konsequenzen negativer sein, als von Ihnen erwartet, sollten Sie überlegen, ob eine neue Verhandlung sinnvoll sein könnte. Wichtig ist dabei, dass es keine Fortsetzung und kein Wiedereinstieg ist, sondern eine komplett neue Verhandlung. Und die braucht zwingend ein neues Team – Sie können mit dem bisherigen Team keine neue Verhandlung beginnen.

Mit den gewonnenen Erkenntnissen und Erfahrungen gehen Sie an die Vorbereitung der neuen Verhandlung. Folgende Elemente sollten Sie prüfen und wenn möglich verbessern. Es geht darum, die eigene Machtposition zu stärken.

Stärken Sie Ihre Machtposition:

Gibt es neue Alternativen?

Welche Informationen haben Ihnen bisher gefehlt?

Mit welchen Teammitgliedern können Sie noch besser verhandeln?

Wie können Sie noch mehr Zeitdruck auf die Gegenseite aufbauen?

Wie können Sie sich mit mächtigeren Partnern verbinden, um mehr Druck aufzubauen?

Wie können Sie noch mehr Sanktionsmöglichkeiten gewinnen?

Im Grunde geht es darum, der Gegenpartei noch mehr Angst vor einer Nichteinigung zu machen. Solange die andere Seite glaubt, ohne Einigung mit Ihnen einen Vorteil zu haben, wird sie nicht auf Sie zukommen.

Die Prinzipien für die Verhandlungen der Zukunft

Es war an der Zeit, die neuen Prinzipien für die Verhandlungen der Zukunft zu definieren. Denn ich habe bei meinen Kunden eine wachsende Unsicherheit bei schwierigen Verhandlungen festgestellt.

Aufgrund der weiteren Globalisierung werden Verhandlungen mit unterschiedlichen Kulturen immer wichtiger. Ich habe den Eindruck gewonnen, dass Decision-Maker, also Entscheidungsträger in Organisationen, international denken und handeln. Die meisten Decision-Maker haben im Ausland studiert, in unterschiedlichen Ländern gearbeitet, sprechen ein sehr gutes Englisch und sind international gut vernetzt. Die Probleme bei Verhandlungen entstehen deshalb oft nicht beim Decision-Maker, sondern in der zweiten Managementebene. Diese Führungskräfte denken und handeln eher lokal, sprechen meist keine Fremdsprache und sind international überhaupt nicht vernetzt.

Decision-Maker hingegen verhandeln miteinander, schließen eine Vereinbarung und übergeben diese Vereinbarung an die zweite Managementebene zur Umsetzung, wo dann die Probleme auftauchen. Man sieht es leider besonders häufig bei großen Firmenkäufen oder Joint Ventures, dass der Gedanke der Vereinbarung gut war, die Umsetzung in der zweiten Managementebene jedoch nicht funktioniert.

Neben der Globalisierung ist die Digitalisierung das große Thema, das viele Unternehmen unterschätzen. Es glauben immer noch viele Manager, dass ein bestehendes Business digitalisiert werden kann. Man muss jedoch von einer anderen Perspektive an die Digitalisierung herangehen: Erst braucht es den Willen zur Digitalisierung, und daran anschließend muss das Business angepasst werden.

In Verhandlungen ist es ähnlich: Es reicht nicht aus, den bestehenden Verhandlungsprozessen eine Videokonferenz hinzuzufügen – es braucht die ständige Erreichbarkeit und Verbindung auf Social Media, um Verhandlungen formell und informell zu führen. Social Media zwingt zudem zu einer Storyline für den Verhandlungsprozess, der bloße Verweis auf rationale und vernünftige Gründe für eine Vereinbarung ist nicht mehr genug.

Mit meinem internationalen Team und meinem internationalen Netzwerk habe ich viel über die Veränderungen und mögliche Lösungen gelernt. Wir haben Firmen in New York City, Hongkong, Singapur, Dubai und Riad gegründet, um nah an den Veränderungen und Trends zu sein und neue Lösungen schneller zu erkennen. Es sind nicht nur Offices, die an unser Headquarter in Zürich berichten, es sind eigenständige Unternehmen, die eigenverantwortlich in den jeweiligen Regionen forschen, auswerten und neue Lösungen entwickeln.

Der Austausch mit den Experten unseres Netzwerks ist immens wichtig. Verhandlungsführer, beispielsweise von FBI, NYPD oder Scotland Yard, können aus der Praxiserfahrung neue Strategien und Taktiken einbringen. Unsere Partnerschaften etwa mit der Columbia University in New York bringen Forschungsergebnisse zusammen, von denen unsere Kunden profitieren können.

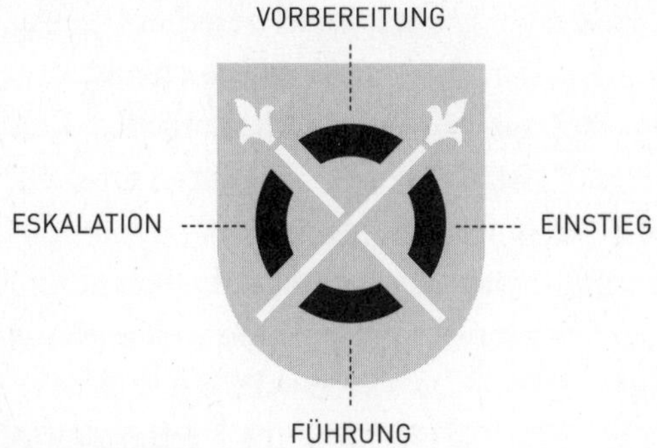

Die vier Schrannen-Bänke

Nach all den vielen Begleitungen von schwierigsten Verhandlungen in Politik und Wirtschaft sind diese neuen Prinzipien entstanden. Es sind keine Mutmaßungen und keine theoretischen Ansätze. Es sind Strategien und Taktiken aus der Praxis, die alle mehrfach erprobt und für globale Verhandlungen der Zukunft geeignet sind.

- *Prinzip 1. Play to win: Vorbereiten, nicht vorbelasten.* Gehen Sie gut vorbereitet in Verhandlungen, jedoch nicht vorbelastet. Bleiben Sie bei sich und überlegen Sie bitte nicht, was die Gegenseite haben wollen könnte. Sie bleiben immer respektvoll und fair, erwarten aber keinen Respekt und Fairness von der Gegenseite. Wenn Sie keine Erwartungen haben, können Sie nämlich nicht enttäuscht werden und schließen somit viele emotionale Reaktionen aus. Und: Sie wollen gewinnen! Gewinnen unter Beachtung aller Regeln, immer fair und respektvoll. Sie spielen auf Sieg und nicht auf Verteidigung.
- *Prinzip 2. Der Einstieg in Verhandlungen: Die Krise zu Beginn herbeiführen.* Mit einer gewinnorientierten und professionellen Vorbereitung starten Sie die Verhandlung und freuen sich auf den kommenden Konflikt. Sie warten den Konflikt nicht ab, sondern führen ihn bewusst am Anfang

der Verhandlung herbei. Sie setzen die Agenda, legen den »Fisch« auf den Tisch und halten den Konflikt aus. Sie verteidigen oder rechtfertigen sich nicht, sondern beginnen die Verhandlung zu führen.

- *Prinzip 3. Die Führung der Verhandlung: Der Weg zu einer Einigung.* Sie führen und werden nicht geführt. Mit einem klaren Ziel, einer flexiblen Strategie und vorbereiteten Taktiken bleiben Sie immer in der Führung. Ihr Team ist mit einem Playbook auf alle Situationen vorbereitet, die Einigung wird nach dem Prinzip der Reziprozität – Geben und Nehmen – herbeigeführt. Bedenken Sie bitte, dass es nur zweimal die Möglichkeit für eine Einigung gibt: Am Anfang und während der Ermüdung.
- *Prinzip 4. Eskalation: Die Wege aus der Sackgasse.* Am Ende eines Verhandlungsprozesses gibt es nur zwei Möglichkeiten: Einigung oder Nichteinigung. Die Einigung ist möglich, wenn Sie Ihr Minimalziel erreichen können. Es ist auch meist die bessere Option, weil Sie weiterhin in der Führung bleiben und die Umsetzung kontrollieren können. Die Nichteinigung hat Konsequenzen, die zum Zeitpunkt der Nichteinigung nicht absehbar sind – sie bleibt immer ein Risiko. Sollten Sie die Nichteinigung wollen, so glauben Sie, dass Sie von der Nichteinigung profitieren werden. Sollte die Gegenseite die Nichteinigung wollen, so glaubt diese, von einer Nichteinigung zu profitieren. Sollten Sie zu der Erkenntnis kommen, dass Sie auch in der schwierigsten Situation der Verhandlung – der Sackgasse – eine Einigung herbeiführen möchten, müssen Sie die vier Wege aus der Sackgasse kennen. Sie erhöhen den Preis der Nichteinigung mit einer Warnung und öffnen die Türen mit einem Abbruch. Sie können eine Wette auf die Zukunft abschließen oder Ultima Ratio – der letzten von Vernunft getragenen Handlung – das Vieraugengespräch suchen.

Ich möchte mich bei Ihnen für Ihr Interesse an meinem Konzept bedanken. Mit diesen neuen Prinzipien sind Sie für alle kommenden Verhandlungen gewappnet.

Es gibt einen großen Unterschied zwischen »bissig« und »verbissen« sein. »Bissig« ist in einer Verhandlung positiv: Sie suchen den Konflikt und bleiben dran, auch wenn es schwierig wird. »Verbissen« ist in einer Verhandlung negativ, weil Sie rechthaberisch agieren und Respekt und Fairness einfordern.

Deshalb ist die von mir so hervorgehobene »Leichtigkeit« so wichtig. Verhandeln Sie mit einer großen Leichtigkeit, nicht mit Leichtsinnigkeit. Sie können dabei von den großen Verhandlungsnationen der Welt lernen. Reisen Sie in die Niederlande, nach Indien, nach China und in den arabischen Raum. Dort können Sie etwas lernen, was wir in der deutschsprachigen Welt nicht kennen: Spaß. Denn Verhandeln kann richtig Spaß machen.

Ich wünsche Ihnen viel Spaß in schwierigen Verhandlungen!

Zürich, August 2019
Matthias Schranner

Negotiation Institute
Schranner.com

Danke

Im August 2001 ist mein erstes Buch *Verhandeln im Grenzbereich* bei Econ erschienen. Seit 18 Jahren darf ich nun mit Econ in einer Partnerschaft eng zusammenarbeiten.

Ich möchte mich bei Jürgen Diessl, Matthias Weiner und Michael Schickerling für das Vertrauen, die langjährige Partnerschaft und die professionelle Begleitung bedanken. Andreas Meiler und Michael Darling danke ich für die grafische Darstellung und konzeptionelle Betreuung.

Der größte Dank für den gewährten Freiraum und das Verständnis gebührt wie immer meiner Familie und den besten Verhandlungsführern der Welt: meinen Kindern Marco, Fabio, Marie und Luca.

Literatur

J. W. Brehm: *A Theory of Psychological Reactance*, 1966.

Roger Fisher, William L. Ury, Bruce M. Patton: *Das Harvard-Konzept. Die unschlagbare Methode für beste Verhandlungsergebnisse.* München: DVA, 2018.

Roger Fisher, William L. Ury, Bruce M. Patton: *Getting to Yes. Negotiating an Agreement without giving in*. New York: Penguin, 2012 [1984].

Friedrich Glasl: *Konfliktmanagement: Ein Handbuch für Führungskräfte, Beraterinnen und Berater*, Haupt, 2017.

Friedrich Glasl: *Confronting conflict. A first-aid kit for handling conflict*. Gloucestershire: Hawthorn Press, 1999.

Frederick J. Lanceley: *On-Scene Guide for Crisis Negotiators*. New York: CRC, 2003.

Rupert Lay: *Dialektik für Manager. Methoden des erfolgreichen Angriffs und der Abwehr*. Berlin: Ullstein, 2010.

Wolfgang Salewski: *Die Kunst des Verhandelns. Motive erkennen – erfolgreich kommunizieren*. Weinheim: Wiley, 2010.

Raymond Saner: *Verhandlungstechnik. Strategie, Taktik, Motivation, Verhalten, Delegationsführung*. Bern: Haupt, 2008.

Michelle Noel Schönbrunn: *Vergleich Harvard Konzept – Schranner Konzept*, Frankfurt University of Applied Sciences, 2018.

Matthias Schranner: *Verhandeln im Grenzbereich. Strategien und Taktiken für schwierige Fälle*. München: Econ, 2001.

Matthias Schranner: *Der Verhandlungsführer. Taktiken, die zum Erfolg führen*. Salzburg: Ecowin, 2013.

Matthias Schranner: *Teure Fehler. Die 7 größten Irrtümer in schwierigen Verhandlungen*. Berlin: Econ, 2009.

Kenneth W. Thomas (2008): *Thomas-Kilmann Conflict Mode*. In: TKI Profile and Interpretive Report, 1(11).

Linda Tickle-Degnen, Robert Rosenthal (1990): *The Nature of Rapport and its Nonverbal Correlates.* In: Psychological Inquiry, 1(4), 285–293.

Hansjörg Trum: *Psychologie für Polizeibeamte,* Stuttgart: Boorberg, 1987.

William L. Ury: *Schwierige Verhandlungen. Wie Sie sich mit unangenehmen Kontrahenten vorteilhaft einigen.* München: Heyne, 1995.

William L. Ury: *Nein sagen und trotzdem erfolgreich verhandeln.* Frankfurt a. M.: Campus, 2009.

Gregory M. Vecchi, Vincent B. Van Hasselt b, Stephen J. Romano (2005): *Crisis (Hostage) Negotiation. Current Strategies and Issues in High-Risk Conflict Resolution.* In: Aggression and Violent Behavior, 10(5), 533–551.

Glossar

Abbruch: Der Abbruch in einer Verhandlung ist keine Niederlage, sondern ein taktisches Element, um der gegnerischen Seite zu zeigen, dass Sie an der Grenze des Machbaren angekommen sind.

BATNA: »Best Alternative To a Negotiated Agreement«. Ein Bestandteil des Harvard-Konzepts, um Alternativen zu finden. Ich rate jedoch davon ab, denn es ist meist sinnvoll, eine gewisse Alternativlosigkeit hinzunehmen. Es ist besser, im Vorfeld zu wissen, dass es keine Alternativen gibt. Achtung: Alternativlosigkeit bedeutet nicht Aussichtslosigkeit!

Commander: Ein Commander ist auch ein Verhandlungsführer der Polizei, also ein Kollege des »sprechenden« Negotiators. Es ist nicht zwingend notwendig, dass dieser Commander ein Vorgesetzter ist – meist wird es ein sehr erfahrener Kollege sein. Seine Aufgabe besteht darin, die Verhandlung aus der Distanz zu verfolgen. Er greift nie direkt in die Verhandlung ein. Der Umstand, dass er nicht sofort reden, antworten und argumentieren muss, verschafft ihm viel Freiraum. Er hört mehr oder andere Aspekte als der Negotiator: zum einen, weil er mehr Distanz zum Verhandlungsgeschehen hat, zum anderen, weil er durch seine Persönlichkeit und Erfahrung eine andere Sichtweise hat.

Decision-Maker: Dieser entscheidet in letzter Instanz über das weitere Vorgehen. Wenn Sie Zweifel an der Differenzierung zwischen Decision-Maker und Commander haben: Ein Decision-Maker kann Ja sagen, wenn alle anderen Nein sagen – und er kann Nein sagen, wenn alle anderen Ja sagen. Er ist auch die Person, die die Entscheidung und damit die Folgen zu verantworten hat.

Drohung: Eine Drohung der Gegenseite dürfen Sie nicht ignorieren! Die Drohung ist eine Festlegung, und Ihr Gegenüber kann sich nach dem Aussprechen einer Drohung nicht mehr bewegen – er kann nicht mehr verhandeln. Sie sollten die Drohung minimieren und somit die Verhandlungsfähigkeit wiederherstellen (»Wenn ich Sie richtig verstehe, überlegen Sie …«).

FBI-Business-Team-Modell: Ein Verhandlungsführer der Polizei verhandelt nie allein – aus gutem Grund: Wer allein verhandelt, ist emotional sehr stark in die Verhandlung eingebunden. Er ist auf sein Verhandlungsziel fixiert und hat deshalb seine Strategie und seine Argumente ständig präsent. Diese Präsenz ist sehr gut für ein zielgerichtetes Verhandeln – und sehr schlecht für ein analytisches Zuhören. Analytisches Zuhören – also nicht nur das Hinhören, sondern auch das Hineinhören – ist nur möglich, wenn Sie einen Teil Ihrer Konzentration auf Ihr Gegenüber verwenden können. Bei sehr stressigen und emotional geführten Verhandlungen kann es sein, dass der Verhandlungsführer das Zuhören und damit wichtige Chancen vernachlässigt. Deshalb wird der Verhandlungsführer beim Zuhören und beim strategischen Vorgehen unterstützt – Verhandlungen werden im Team geführt.

Kompromiss: Das Anbieten eines Kompromisses ist eine Flucht aus einer schwierigen Verhandlung und damit kein gewünschtes Ergebnis. Außerdem bezieht man sich immer auf Forderungen der Gegenseite. Bieten Sie keinen Kompromiss an, sondern kämpfen Sie um eine Einigung, die diesen Namen wirklich verdient.

Nachgeben: Geben Sie niemals nach! Das Nachgeben ist ein einseitiges Zugeständnis ohne Gegenleistung. Ihr Gegenüber empfindet Ihr Nachgeben als Schwäche. Sie zeigen ein sogenanntes »Opferverhalten« und provozieren dadurch noch mehr Aggressivität.

Negotiator: Er ist der einzige direkte Ansprechpartner für die Gegenseite. Er stellt sich persönlich oder telefonisch als Verhandlungsführer mit seinem Namen vor. Er macht gleich zu Beginn klar, dass er der alleinige Ansprechpartner für diese

Verhandlung sein wird. Zusätzlich weist er darauf hin, dass aus rechtlichen Gründen einige wichtige Entscheidungen nicht von ihm allein, sondern vom Decision-Maker getroffen werden müssen. Der Negotiator entscheidet bei einer Teamverhandlung nicht allein! Er kann lediglich über jene Bereiche entscheiden, die ihm Commander beziehungsweise Decision-Maker einräumen.

Sackgasse: Eine Sackgasse in Verhandlungen ist nichts Negatives und sollte Sie auch nicht überraschen. Das bewusste Steuern in eine Sackgasse ist eine Strategie, die es aktiv zu verfolgen gilt. Planen Sie diese bewusst ein, und bereiten Sie eine Sackgasse vor. Ob Sie sie dann in der Verhandlung tatsächlich ansteuern, hängt von mehreren Faktoren ab.

Strategie: Die Strategie ist die gedankliche Leitlinie. Sie legt den Korridor fest, in dem man sich bewegen darf.

Stress: Stress ist die Reaktion auf subjektiv wahrgenommene Gefahr. Diese Gefahr muss nicht wirklich vorhanden sein – sie entsteht in Ihren eigenen Gedanken und ist daher durch Sie beeinflussbar.

Taktik: Die Taktik ist die konkrete Umsetzung in der Situation. Das Spiel auf Zeitgewinn wäre zum Beispiel eine Strategie, in der die jeweilige Taktik zum Tragen kommt.

Treffen in der Mitte: Zählt zu den Verhandlungstaktiken. Fragen Sie sich, wieso Sie sich in der Mitte treffen sollten? Bedenken Sie, dass Ihr Verhandlungspartner einen der Punkte, zwischen dem sich die Mitte befindet, bestimmt hat und auf einen Kompromiss zielt.

Unwahrheiten: Zählen zu den Verhandlungstaktiken. Glauben Sie Ihrem Verhandlungspartner nicht alles. Sprechen Sie Ihrem Verhandlungspartner Vertrauen aus, weisen jedoch auf schlechte Erfahrungen in der Vergangenheit mit anderen Partnern hin.

Versprechungen: Dramatischer als die Lüge ist das Versprechen. Vertrauen Sie Ihrem Verhandlungspartner, aber kontrollieren

Sie, ob er sich an die Absprachen hält. Seien Sie vorsichtig bei eigenen Versprechungen. Sichern Sie eher etwas zu, anstatt etwas zu versprechen. Können Sie ein Versprechen – auch wenn Sie keine Schuld daran haben – nicht einhalten, haben Sie völlig zu Recht bei Ihrem Verhandlungspartner verloren.

Wahrheit: Suchen Sie nicht die Wahrheit, sondern finden Sie heraus, welche Gewissheit Ihr Gegenüber hat und weshalb. Der Verhandlungserfolg hat nichts mit der Wahrheit zu tun – er spielt sich im Kopf der Verhandlungspartner ab. Merken Sie sich bitte: »Alles, was man sagt, soll wahr sein, aber nicht alles, was wahr ist, soll man sagen.«

Walk-away-Punkt: Wo steigen Sie aus, was werden Sie nicht mehr akzeptieren? Das Bestimmen des Walk-away-Punkts vor der Eskalation kann für Unternehmen überlebenswichtig sein. Kommunizieren Sie diesen Punkt nicht, weder nach innen noch nach außen.

Widerstand: Verfolgen Sie Ihr Ziel auch dann, wenn Sie auf Widerstand treffen. Brechen Sie jeden Widerstand, indem Sie Ihren Verhandlungspartner warnen, ihn aber nie in eine Ecke treiben. Emotionalisieren Sie Ihre Warnung, und versuchen Sie, die Gegenseite für sich zu gewinnen, aber nicht gegen sich aufzubringen. Demonstrieren Sie Entschlossenheit, und machen Sie Ihre Warnung wahr. Bieten Sie der Gegenpartei eine Möglichkeit zum Einlenken an, und zeigen Sie nie ein Gewinnerlächeln.

Wiedereinstieg und Einigung: Jeder Verhandlungspartner kann jederzeit wieder in die Verhandlungen einsteigen. Wer die Einigung braucht, unter Zeitdruck steht oder keine Geduld hat, wird eintreten. Wer warten kann, ist in der besseren Position. Steigen Sie am besten mit neuen Forderungen ein, und vermeiden Sie Gewinnerlächeln, Vorwürfe und emotionale Reaktionen. Vergessen Sie nicht die drei geöffneten Türen.

Zielformulierung: Formulieren Sie vor Verhandlungsbeginn Ihr Ziel. Sie benötigen es, um Ihre Taktik und Strategie zu entwickeln sowie um Zielpunkt und Zielraum zu definieren.

Zuhören: Hören Sie analytisch zu. Welche Motive und welche Positionen hat Ihr Verhandlungspartner? Haben Sie die Motive verstanden? Nur wer richtig versteht, kann die richtige Strategie anwenden und den richtigen Nutzen kommunizieren.

Register